AF382727

Samuraischwerter für die Materialschlacht

Gendaito der Taisho- und frühen Showa-Periode (1912 – 1945)

Otto Maxein

Bibliografische Information der Deutschen Nationalbibliothek:
Die Deutsche Nationalbibliothek verzeichnet diese Publikation in der Deutschen Nationalbibliografie; detaillierte bibliografische Daten sind im Internet
über http://dnb.dnb.de abrufbar.

Herstellung und Verlag: BoD – Books on Demand, Norderstedt

ISBN: 978-3-7534-3575-6

Vorwort

Die japanischen Schwerter haben unter Kennern einen hervorragenden Ruf. Die komplexen Vorgänge während des Schmiedens oder die Individualisierung einer Schneide durch das Anlegen einer ästhetischen Hamon faszinieren weit über die Grenzen Japans hinaus. Bis heute ist das Samuraischwert so tief mit der japanischen Kultur verwurzelt, dass es untrennbar damit verbunden ist. Einen wesentlichen Anteil daran hatten zu allen Zeiten die japanischen Schwertschmiede.

Aber was trieb Soldaten dazu, lange nach der Ära der Samurai, mit dem gezogenen Schwert in die Materialschlachten des zweiten Weltkriegs zu ziehen? In einen Konflikt, der mit Mitteln geführt wurde, die einen Kampf mit der Klinge nicht nur aussichtslos, sondern geradezu selbstmörderisch machten. Warum war es Piloten wichtig, ihre Schwerter mit an Bord ihrer Flugzeuge zu nehmen, obwohl es dort keine praktische Verwendung für sie gab? Was wohnt diesen Klingen inne, dass sie eine solche Faszination und Wirkung auf ihre Träger ausübten? Was macht die Schwerter, die am Yasukuni-Schrein geschmiedet wurden oder die Schwerter der zwei Generationen Minamoto Yoshichika besonders? Wodurch heben sie sich deutlich von der Masse der während der Taisho- und frühen Showa-Periode geschmiedeten Schwerter ab? Was macht sie zu bewahrenswerten Schwertern? Und was ist dran an dem Sprichwort „Das Schwert ist die Seele des Samurai?".

Diesen Fragen geht der Autor in seinem Buch nach. Er setzt sich mit dem Thema mit viel Liebe zum Detail auseinander. Er erklärt, ohne zu verklären, was die Faszination dieser Waffen ausmacht und nimmt den Leser mit in die Materialschlachten des zweiten Weltkriegs, in der das Samuraischwert für die kaiserlichen Soldaten eine wichtigere Rolle spielte, als man es auf den ersten Blick vermuten würde.

Oliver Gerigk

Inhaltsverzeichnis

In dankbarer Erinnerung an meinen Vater
Otto Rudi Maxein
(* 11.06.1917, † 06.05.1990)

Dieses Buch widme ich meinem Vater, der den Zweiten Weltkrieg als Frontsoldat vom Polenfeldzug bis zu seiner Gefangennahme bei Kriegsende überlebt hat. Als Panzerjäger an
mehreren großen Panzerschlachten im Osten beteiligt, verwundet, mit der Ostmedaille, dem Eisernen Kreuz und der Bronze-
nen Nahkampfspange ausgezeichnet, habe ich erst jetzt, lange
nach seinem Tod, durch die Lektüre von Erich Maria Remarque, Edlef Köppen und Andreas Engermann begriffen,

welche schier unvorstellbaren Strapazen er durchlitten, welche brutale Entmenschlichung er im Nahkampf Mann gegen Mann erfahren haben muss.

Wie alle Soldaten der kämpfenden Truppe ging er durch die Hölle und erlebte das Grauen des Krieges am eigenen Leib und an seiner Seele. Trotzdem erinnere ich meinen Vater als einen lebensbejahenden Menschen, der nach seiner Entlassung aus der Kriegsgefangenschaft wie Hunderttausende anderer Kriegsheimkehrer nach vorn blickte und seinen Beitrag zum Wiederaufbau und Wirtschaftswunder der jungen Bundesrepublik leistete. Ihm und meiner lieben Mutter verdanke ich meine behütete, glückliche Kindheit und sorglose Jugend.

Meine wilden Jahre begleitete mein Vater nachsichtig und verständnisvoll. Freunde waren mir in dieser Zeit das Wichtigste. Als ich ihn deshalb einmal meinen Freund nannte, antwortete er lächelnd: „Ich bin nicht dein Freund, ich bin dein Vater." Heute weiß ich, was er mir damit sagen wollte. Manch ein „Freund" hat mich im Leben enttäuscht – mein Vater nie! Ich habe von ihm viel fürs Leben gelernt und viel von dem, was mich heute ausmacht, verdanke ich ihm. Sein aufrechter Charakter und seine Zivilcourage sind mir bis heute Vorbild und Orientierung. Ich bin stolz auf meinen Vater und liebe ihn – über den Tod hinaus. Leider habe ich ihm das nie gesagt. Ich hoffe, er hat es gewusst.

Otto Willi Maxein

Besonderer Dank

Kein Fachbuch kommt ohne valide Quellen und umfangreiche Recherchen aus. Dies gilt besonders für Themen, die in der einschlägigen Literatur noch nicht abschließend behandelt wurden. Hier bedarf es der Unterstützung Dritter, die dabei helfen, Wissenslücken zu schließen oder die Bildmaterial zur Verfügung stellen, das in die Arbeit eingebunden werden soll. Ich möchte deshalb an dieser Stelle allen Unterstützern danken, die mir mit Rat und Tat zur Seite gestanden und dieses Buch in seiner jetzigen Form ermöglicht haben!

Mein besonderer Dank gilt daher

Annegret Wieland M.A.
Abt. für Kultur und Öffentlichkeitsarbeit
Botschaft von Japan, Berlin, Deutschland

David Ito,
Aikido Chief Instructor
Aikido Center LA, Los Angeles, USA

Kazushige Tsuruta
Japanese Sword Shop Aoi-Art, Tokio, Japan

Prof. Dr. Diethelm Düsterloh
Paderborn, Deutschland

Oliver Gerigk
Bochum, Deutschland

Christoph Pieper
ibs Sicherheitstechnik, Gelsenkirchen, Deutschland

Martin Strebel
Juwelen und Asienkunst, Wiesbaden, Deutschland

Paul Underwood
English Training, Dortmund, Deutschland

So Shihan Wolfgang Wimmer, Kyoshi, Hachidan
Repräsentant Dai Nippon Butoku Kai
Ehrenpräsident Verband asiatischer Kampfkünste e.V.
Meitingen, Deutschland

Nicht zuletzt gilt mein besonderer Dank meiner lieben Frau, die meiner Passion für Samuraischwerter stets Verständnis entgegengebracht und meine häufige geistige Abwesenheit bei der Arbeit an diesem Buch und den wochenlangen Umbau unseres Wohnzimmers in ein Fotostudio bis an die Grenzen der Geduld ertragen hat.

Otto Maxein,"Ein glücklicher Tag Mitte Herbst 2020"

Schreibweise, Formatierung

Eine Besonderheit stellt in der deutschen Textausgabe hinsichtlich der japanischen Nomenklatur die Groß- und Kleinschreibung dar, da in der japanischen Schrift, ähnlich wie in anderen Schriftsprachen (Hebräisch, Arabisch, Chinesisch etc.), die Unterscheidung zwischen Groß- und Kleinschreibung unbekannt ist.

Einfacher war es in der englischen Textausgabe, da auch im Englischen zunächst außer am Satzanfang klein geschrieben wird. Ausnahmen gelten z.B. für Eigennamen, Anreden, geographische Bezeichnungen oder in Überschriften.

In Anlehnung an die englische Textausgabe werden auch in der deutschen Textausgabe außer am Satzanfang Begriffe der japanischen Nomenklatur klein geschrieben. Ausnahmen bilden Begriffe, die in Anlehnung an die deutsche Rechtschreibung groß geschrieben werden, soweit dies aufgrund des Sprachempfindens im Kontext sinnvoll erscheint.

Bei Übersetzungen wurden Namen und Begriffe zur japanischen Schwertterminologie aus Gründen der Übersetzungstreue entsprechend der Schreibweise der Quellen übernommen.

Im Fließtext kursiv gedruckte Wörter sind entweder Eigennamen oder dienen der Hervorhebung bestimmter Begriffe oder entstammen der japanischen Nomenklatur. Erläuterungen hierzu finden sich im Glossar. Des Weiteren sind Bildunterschriften kursiv gedruckt, um sie vom Fließtext abzugrenzen.

Bildmaterial, eigene Fotos

Fotos auf den Seiten 24, 43, 44, 45 und 46 mit freundlicher Genehmigung von Kazushige Tsuruta-San, Aoi-Art, Tokio, Japan. Der „Japanese Sword Shop Aoi-Art" und das „Japanese Sword Online Museum" lohnen stets aufs Neue einen Besuch der Webpräsenz von Kazushige Tsuruta-San. Die übrigen Bilder stammen entweder aus Presse- oder Staatsarchiven und sind ausdrücklich mit dem Hinweis „gemeinfrei" („public domain") versehen oder befinden sich mit entsprechenden Nutzungsrechten oder als Originale im Besitz des Autors.

Eine zuweilen stark verminderte Bildqualität beruht entweder auf einer natürlichen Alterung des verwendeten Bildmaterials oder auf einer für den Druck zu geringen Auflösung einiger Bild-Dateien. Mit Blick auf den Buchtitel wurden diese Bilder dennoch mit eingebunden, weil sie geeignet erschienen, das Thema zu visualisieren und trotz verminderter Bildqualität nichts von ihrer Aussagefähigkeit eingebüßt haben.

Liebhaber japanischer Klingen wissen, dass ihre Betrachtung das richtige Licht erfordert. So benötigen wir z.B. bei der Begutachtung der Härtelinie eine bestimmte Lichtquelle, an der wir die Klinge entlang führen. Dagegen ist ein Foto eine Momentaufnahme und hält eine Klinge immer nur im Licht eines Augenblicks fest. Meine in diesem Buch abgebildeten Schwerter habe ich selbst fotografiert. So habe ich viele Tage - meine Frau behauptet Wochen - geduldig experimentiert und gelernt, mit Kompromissen zu leben. Die Fotos vermitteln deshalb nur einen sehr entfernten Eindruck von der Schönheit der Klingen und der ihnen innewohnenden Aktivitäten. Aber wer japanische Schwerter kennt, weiß ohnehin, dass man sie in die Hand nehmen und im richtigen Licht studieren muss, damit sie sich uns in ihrer ganzen Schönheit und Vollkommenheit offenbaren.

Samuraischwerter für die Materialschlacht

Gendaito der Taisho- und frühen Showa-Periode
(1912 – 1945)

In keinem anderen Kulturkreis hat eine Waffe im Verlauf ihrer Geschichte eine so hohe spirituelle und gesellschaftliche Bedeutung erlangt wie das Samuraischwert in Japan. Über tausend Jahre galt es nicht nur als die Seele des Samurai, sondern war als gefürchtete Waffe einer elitären und todesverachtenden Kriegerkaste das allesbeherrschende Statussymbol, dem die Japaner Ehrfurcht, Respekt und nahezu religiöse Unterwerfung zollten. Ausgelöst durch die *Meiji-Restauration* und Japans Weg in die Moderne besiegelten der gesellschaftliche Wandel und das Streben nach Fortschritt Ende des 19. Jahrhunderts das Schicksal der Samurai und ihrer Schwerter, die fortan wie Anachronismen und Relikte einer vergangenen Epoche wirkten.

Doch wenngleich die Samuraischwerter genau wie die Infanteriedegen oder Kavalleriesäbel in Europa mit der Einführung von Maschinenwaffen und Tanks ihre Bedeutung als Kriegswaffen eingebüßt hatten, war der Glaube an die spirituelle Kraft des Samuraischwerts im Denken der Japaner so tief verwurzelt, dass diese Schwerter nach ihrer anfänglichen Verbannung zu Beginn der *Meiji-Restauration* im Verlauf der *Taisho-* und *frühen Showa-Periode* eine militärische Renaissance erlebten. Neben den unzähligen Maschinenklingen, die in Japan zu Paradezwecken oder für untere Dienstgrade gefertigt wurden, belebte die Nachfrage japanischer Offiziere nach neuen, im Geist des *Bushido* traditionell geschmiedeten Schwertern ein uraltes Kunsthandwerk.

In ganz Japan wurden erfahrene Schwertschmiede aktiviert, die in verschiedenen Schmiedezentren Schwertschmiede ausbildeten und selbst Schwerter schmiedeten. Zu den wohl berühmtesten Wirkungsstätten gehörten der *Minatogawa-Schrein*[1] in Kobe am Ufer des Minatogawa, an dem Schwerter für die kaiserliche Marine geschmiedet wurden, und der *Yasukuni-Schrein*[2] in Tokio, auf dessen Grund und Boden enorme Anstrengungen unternommen wurden, durch die Rückbesinnung auf altüberlieferte Schmiedemethoden in den *Yasukuni-to* den Geist der Samurai wieder auferstehen zu lassen. Daneben gab es weitere Schwerpunkte zur Massenproduktion von Armeeschwertern, wie die Stadt Seki in der Präfektur Gifu. Jedoch muss hier angemerkt werden, dass die überwiegende Zahl der Schwerter, die in Seki hergestellt wurden, zwar als Waffen genügten, aber nicht den hohen Anspruch an das japanische Schwert als Kunstobjekt erfüllen konnten.

Dies trifft übrigens für Schwerter aller Epochen zu. Nicht jedes Samuraischwert, das zur Waffe taugte, war künstlerisch wertvoll, wobei es umgekehrt häufig so ist, dass die künstlerisch vollkommene Klinge auch die bessere im praktischen Gebrauch ist.[3] Weiter trifft zu, dass die bis in den Zweiten Weltkrieg hinein von japanischen Schwertschmieden traditionell geschmiedeten *Gunto* die wohl letzten Samuraischwerter gewesen sein dürften, mit denen japanische Soldaten für Kaiser und Reich in den Kampf zogen und wie einst die Samurai dienend ihre Pflicht erfüllten. Damit markieren die Gunto der Taisho- und frühen Showa-Periode einen historischen Wendepunkt in der Geschichte der Samuraischwerter. Die in diesem Zeitraum geschmiedeten und in diesem Buch vorgestellten

---

[1] http://de.wikipedia.org/wiki/Minatogawa-Schrein
[2] http://de.wikipedia.org/wiki/Yasukuni-Schrein
[3] Hagenbusch, Michael, Beitrag im Katalog zum Ersten Europäischen Symposium „Die Kunst der Samurai", Deutsches Klingen-Museum, Solingen 1984

Klingen von Yasuoki und den beiden Generationen Minamoto Yoshichika legen Zeugnis ab von der unstreitigen Meisterschaft dieser Schmiede und ihrem hohen Anspruch, Japans „letzten Samurai" Schwerter an die Hand zu geben, die nicht nur bloße Waffen waren, sondern Waffe und Kunstwerk in ein und derselben Klinge in idealer Weise vereinten.

源義親

Minamoto Yoshichika
Shodai und Nidai

Minamoto Yoshichika wird zu den wenigen bedeutenden Schwertschmieden der Taisho- und Showa-Periode gezählt. Seine Schwerter waren bekannt für ihre außergewöhnliche Schärfe und Kampftauglichkeit und wurden von der kaiserlichen Garde und berühmten Schwertkämpfern getragen. Anlässlich der Krönung Kaiser Hirohitos im Jahr 1928 gehörte er zu der kleinen Gruppe von Schwertschmieden, die unter den besten Japans ausgewählt worden waren, die Schwerter zu schmieden, die einer alten Tradition folgend während der Krönungsfeierlichkeiten an hohe Würdenträger überreicht wurden. Dennoch wird gelegentlich versucht, die Bedeutung seiner Arbeiten durch den Einwand zu relativieren, dass er Schwerter aus *„Western Steel"* geschmiedet haben soll.

Hierdurch soll unterstellt werden, Schwerter von Minamoto Yoshichika seien keine „echten" *Nihonto* oder *Gendaito*, weil sie nicht aus *Tamahagane* geschmiedet wurden. Wenn dies zuträfe, hätte Kaiser Hirohito, der ganz sicher über mehr Schwertbildung verfügte als mancher selbsternannte Experte der westlichen Hemisphäre, in dem Augenblick sein Gesicht verloren, als er Minamoto Yoshichika nach Tokio und zum Kaiserlichen Schwertschmied berief. Zudem gibt es im Mutterland des japanischen Schwerts Instanzen, die kompetent darüber entscheiden, ob ein traditionell geschmiedetes Schwert auch den künstlerischen Anspruch an ein japanisches Schwert erfüllt und damit als bewahrenswertes Schwert anerkannt wird oder nicht. Hierzu zählen in erster Linie die beiden großen japanischen Schwertgesellschaften *Nihon Bijutsu Token Hozon Kyokai (NBTHK)* und *Nihon Token Hozon Kai (NTHK)*.

Minamoto Yoshichikas Schwerter haben sowohl von der *NTHK* als auch von der *NBTHK* und von *Fujishiro* Expertisen *(origami)* erhalten und werden von den führenden Schwert-Autoritäten Japans ohne jeden Zweifel als echte Gendaito anerkannt.[4] Im *TOKO TAIKAN* ist Minamoto Yoshichika auf Seite 758 unter YOS1067 gelistet, seine Schwerter werden als *„Highest Grade Gendaito"* eingestuft.[5] Neben der hohen Auszeichnung, die Minamoto Yoshichika durch seine Berufung zum Kaiserlichen Schwertschmied zuteilwurde, wird seine Stellung als bedeutender Schwertschmied weiter dadurch belegt, dass er der einzige Schwertschmied der *Taisho-Periode* ist, der Eingang in *Fujishiros* maßgebliche Enzyklopädie *„Nihon Toko Jiten, Shinto-hen"* gefunden hat.[6]

Wenn Minamoto Yoshichika auch seinen eigenen Weg zur Herstellung leistungsfähiger Schwertklingen von besonderer Schneidfähigkeit gegangen ist,[7] hat er beim Schmieden doch die traditionellen Techniken der japanischen Schwertschmiede *(katana-kaji)* angewendet und so qualitativ hochwertige Gendaito geschaffen[8], die heute als seltene Schwerter von Sammlern gesucht und begehrt sind.[9] Nicht zuletzt auch deshalb, weil mittlerweile anerkannt ist, dass Klingen von Minamoto Yoshichika selbst mit qualitativ hochwertigen Schwertern aus der *Kamakura*- und *Muromachi-Periode* konkurrieren können.[10]

---

[4] Stein, Richard, Japanese Sword Guide,
http://www.japaneswordindex.com/yoshchik.htm
[5] Tokuno, Kazuo, TOKO TAIKAN, YOS1067, 2004
[6] Fujishiro, Yoshio, Nihon Toko Jiten, Shinto-hen, Tokyo 1961
[7] Slough, John Scott, An Oshigata Book of Modern Japanese Swordsmiths 1868 – 1945, Rivanna River Company, 2001
[8] http://www.worthpoint.com/worthopedia/rare-mint-antique-japanese-samurai-katana-sword
[9] Couch, Paul and Matsuoka, Yumiko, Thoughts on Nihonto – Gendaito, ISF-AL/GA Newsletter, May 2002, Vol. 3, Issue 3
[10] http://www.worthpoint.com/worthopedia/rare-mint-antique-japanese-samurai-katana-sword

Doch bevor wir noch einmal auf den eingangs erwähnten Einwand eingehen, der ja letztlich auf den Streit „*Tamahagane*" kontra „*Western Steel*" zielt, etwas zu dem Schmied und zu seiner Arbeit, soweit es die Recherche zum Leben und Werk Minamoto Yoshichikas ergab.

Minamoto Yoshichika, Shodai

Minamoto Yoshichika stammte aus *Shibamishima, Japan*. Sein bürgerlicher Name war *Mori Hisasuke*.[11] Eine abweichende Schreibweise findet sich bei *John Scott Slough* in dem Buch *„An Oshigata Book of Modern Japanese Swordsmiths 1868 – 1945"*. Hier ist Minamoto Yoshichika auf Seite 196 gelistet. Seine Schwerter werden als *„High Grade Gendaito"* eingestuft, ihr Wert auf 1,5 Millionen Japanische Yen geschätzt. Alternativ finden wir hier die Schreibweise *Mori Kyusuke* für seinen bürgerlichen Namen.[12]

Minamoto Yoshichika soll sich selbst als der letzte Nachkomme von *Sanjo Munechika* aus *Yamashiro* (ca. 987) bezeichnet haben.[13] Wenn man auch immer wieder auf diesen Hinweis stößt, konnten Recherchen hierfür bislang keinen gesicherten Nachweis erbringen. Ungeachtet dessen gehört Minamoto Yoshichika aufgrund seiner außergewöhnlichen handwerklichen und künstlerischen Fähigkeiten zu den wenigen Schwertschmieden der Taisho- und Showa-Periode, die von den führenden Autoritäten und Schwertkennern zu den bedeutenden Schwertschmieden ihrer Zeit gezählt werden.[14]

Während der Meiji- und Taisho-Periode arbeitete Minamoto Yoshichika in der Provinz Musashi. 1926 folgt er dem Ruf Kaiser Hirohitos nach Tokio, wo er als kaiserlicher Schwertschmied *(„imperial artisan")* Schwerter im Auftrag des Kaisers schmiedet.[15] Seine bekannten Arbeiten stammen überwie-

---

[11] Stein, Richard, Japanese Sword Guide,
http://www.japaneseswordindex.com/yoshchik.htm
[12] Slough, John Scott, An Oshigata Book of Modern Japanese Swordsmiths 1868 – 1945, Rivanna River Company, 2001
[13] Stein, Richard, Japanese Sword Guide, siehe Referenz-Nr. 11
[14] JSS newsletter, auszugsweise veröffentlicht auf
http://www.nihonto.com.au/html/minamoto_yoshichika_tachi.html
[15] http://www.samuraisam.net/tachiofyoshichika.html

gend aus der Taisho- und der frühen Showa-Periode. Er arbeitete bevorzugt im *Bizen-den-Gunome-Choji-Stil* und seine Klingen sind bekannt für ihre außergewöhnliche Schärfe und Schneidfähigkeit *("cutting ability")*.

Minamoto Yoshichika schmiedete Schwerter für den Hof und die Kaiserliche Garde. Aber auch berühmte Kampfsportler und Schwertkämpfer des frühen Zwanzigsten Jahrhunderts bevorzugten seine Klingen. So stammte auch eines der von *Hakudo Nakayma* [16] bevorzugten Schwerter aus der Schmiede von Minamoto Yoshichika. *Hakudo Nakayma* (andere Schreibweise *Hiromichi*) war der berühmteste Schwertkampfmeister seiner Zeit und zählt zu den insgesamt nur zehn *Budo-Großmeistern*, denen der Titel *Meijin ("Vollendeter Mensch")* [17], die höchste Auszeichnung im Budo überhaupt, verliehen wurde. In der *Toyama Militär Akademie* war *Hakudo Nakayma* Mitglied der Kommission, die den Lehrplan für den Schwertkampf erstellte. Darüber hinaus war er der offizielle Schwertkampfausbilder der japanischen Marine und der kaiserlichen Garde. *Hakudo Nakayma* wurde am 11. Februar 1873 in Kanazawa, Präfektur Ishikawa geboren und verstarb am 14. Dezember 1958 im Alter von 85 Jahren. Seine letzte Ruhestätte fand er im Tenshin-Tempel im Bezirk Minato, Tokio.

---

[16] http://de.wikipedia.org/wiki/Nakayama_Hakudo
[17] http://de.wikipedia.org/wiki/Meijin

Ein seltenes Zeitdokument: Das Bild aus dem Fotoalbum eines japanischen Soldaten zeigt Hakudo Nakayma, Budo-Groß-meister und Schwertkampfausbilder der Kaiserlichen Garde, zusammen mit Angehörigen der Kaiserlichen Garde.

Minamoto Yoshichikas Auftraggeber wussten, dass er scharfe und hochbelastbare Schwerter für den härtesten Nahkampf Mann gegen Mann auf Leben und Tod schmiedete. Sie unterscheiden sich deutlich von den langen und breiten Klingen mit spektakulärer *Hamon*, wie wir sie heute oft bei *Iaido-Eleven* finden. Seine Arbeiten gleichen stattdessen schlanken *Koto-Klingen* mit funktionaler Hamon und überzeugen trotz ihres geringen Gewichts durch hohe Verwindungsfestigkeit, perfekte Balance und beeindruckende Führigkeit. Aber dazu später mehr.

Eine bestimmte Anzahl von Schwertern, die von Minamoto Yoshichika geschmiedet wurden, sind von *Hakudo Nakayama* einem Schneidetest *(tameshigiri)* unterzogen worden. Bei Schwertern, die von ihm getestet wurden, finden wir auf der

Angel die Stempelung „*Hakudo Tameshigiri Sho*".[18] Die meisten Schwerter der Kaiserlichen Garde sind von Minamoto Yoshichika geschmiedet und von *Hakudo Nakayama* getestet worden. Dazu ist folgende Begebenheit überliefert:

Obata Toshishiro, bekannter Fachautor, praktizierender Schwertkämpfer und Kenner der Materie berichtet, dass er in seiner Willis-Hawley-Sammlung einen erwähnenswerten Text fand, aus dem hervorging, dass *Hakudo Nakayama* Schwerter für die Kaiserliche Garde an Schweinen testete, wobei die Klingen glatt durch die Körper schnitten. Es ist überliefert, dass er mit einem Schwert demonstrativ durch die Hüftknochen eines Schweins schlug, um Vizeadmiral Oyamada zu beweisen, wie ein wirklich scharfes Schwert schneiden sollte.

Als der Admiral sich nach dem Schmied erkundigte, erklärte *Hakudo Nakayama,* dass das Schwert aus der Schmiede von Minamoto Yoshichika stamme. Daraufhin verfügte Admiral Oyamada per Erlass, dass sämtliche Schwerter der kaiserlichen Garde ab sofort von Minamoto Yoshichika geschmiedet sein mussten und durch *Hakudo Nakayama* siebenmal einem Schneidetest zu unterziehen waren. *Obata Toshishiro* gibt an, dass insgesamt 490 dieser Schwerter von *Hakudo Nakayama* getestet und für die Kaiserliche Garde abgenommen wurden.[19]

Allein diese Zahl, nur 490 Schwerter von Minamoto Yoshichika wurden von *Hakudo Nakayama* für die Kaiserliche Garde getestet und abgenommen, macht deutlich, warum diese Schwerter extrem selten sind und weltweit von seriösen Sammlern gesucht und äußerst begehrt sind. Noch beeindruckender wird dies, wenn man diese geringe Anzahl von Schwertern den weit über eine Million japanischen Schwertern gegenüberstellt, die nach dem Krieg von amerikanischen Soldaten in die Verei-

---

[18] Stein, Richard, Japanese Sword Guide,
http://www.japaneseswordindex.com/yoshchik.htm
[19] http://www.nihonto.com.au/html/minamoto_yoshichika_tachi.html

nigten Staaten verbracht worden sind.[20] Daran ändert sich auch nicht viel, wenn man John M. Yumotos Schätzung zugrunde legt, der von 250.000 bis 350.000 Schwertern ausgeht, die in die USA verbracht worden sein sollen. Selbst dabei läge die Trefferquote, noch eine Klinge von Minamoto Yoshichika aufzuspüren, rein rechnerisch gerade mal bei 1,4 ‰ (Promille).[21] Tatsächlich dürfte diese Chance weit geringer sein, da diese Klingen, soweit sie noch existieren, längst in Privatbesitz übergegangen sind. Diese These wird durch die Anmerkung von *Obata Toshishiro* in seinem Artikel „*Swords and Tradition*"[22] noch gestützt, wonach ihm persönlich nur drei Schwerter von Minamoto Yoshichika mit einem Schneidetest von *Hakudo Nakayama* bekannt sind, die in den USA aufgetaucht sind.

Angesichts solcher Zahlen wird deutlich, wie schwierig es mittlerweile ist, einen Minamoto Yoshichika mit Schneidetest zu finden, wobei es noch schwieriger sein dürfte, eine mit Nidai Minamoto Yoshichika signierte Klinge zu finden, weil mit Nidai Minamoto Yoshichika signierte Schwerter einfach noch seltener sind.

---

[20] Sly, Christopher, More Thoughts On Gendaito, Sept. 1992, updated by Bowen, Chris and Massey, Denny, March 2015, http://www.nihontocraft.com/Gendaito.html
[21] Yumoto, John M., Das Samuraischwert, Ein Handbuch, Ordonanz-Verlag Strebel GmbH, Wiesbaden, 2004
[22] Obata Toshishiro, Swords and Tradition, https://kenjutsu-ryu.livejournal.com/29096.html

Minamoto Yoshichika, Nidai

Es gilt als gesichert, dass es eine zweite Generation Minamoto Yoshichika, *Nidai Minamoto Yoshichika*, gegeben hat. Nidai Minamoto Yoshichika war der leibliche Sohn von Minamoto Yoshichika und arbeitete mit seinen Vater während der Taisho- und Showa-Periode. Der Stil des Nidai ähnelt dem des Shodai, allerdings schmiedete der Sohn ausdrucksstärkere Klingen. Die Härtelinie *(hamon)* ist aktiver mit unzähligen *ashi* und *yo* in *ko-nie*, bei der *hada* herrscht überwiegend dichtes *masame* vor. Klingen des Nidai zeigen *utsuri*.

Obschon die Ästhetik seiner Klingen begeistert und die Qualität seiner Arbeiten keinen Zweifel an seiner Meisterschaft aufkommen lässt, haben sich das Leben und Schaffen des Nidai der Öffentlichkeit bis heute weitgehend entzogen. Auch in der einschlägigen Literatur gibt es nur wenig darüber zu lesen. Ein Grund dafür mag sein, dass Arbeiten des Nidai rar sind und Schwerter werden mittlerweile so gut wie gar nicht mehr angeboten. Hierzu schreibt *Richard Stein* auf seiner renommierten und empfehlenswerten Web-Seite *„Japanese Sword Guide"*: „Beispiele der Arbeit der zweiten Generation mit der Inschrift „Nidai" zu Beginn der Signatur sind selten." Weiter betont Stein ausdrücklich: „Die Arbeiten der zwei Generationen Minamoto Yoshichika dürfen auf keinen Fall mit Schwertern aus der Showa-Ära verwechselt werden, die *„Noshu Seki ju Yoshichika"* signiert sind. Diese Schmiede zählen zu den unbedeutenden Schwertschmieden."[23] Eine unbekannte Anzahl von Schwertern, die mit „Minamoto Yoshichika" signiert sind, soll vom Vater und vom Sohn gemeinsam geschmiedet worden sein. Diese Praxis war nicht ungewöhnlich, wurden doch herausragende Schwerter des Öfteren in Zusammenarbeit von

---

[23] Stein, Richard, Japanese Sword Guide,
http://www.japaneseswordindex.com/yoshchik.htm

zwei Meistern geschmiedet. Damit könnte aber ein Teil des Schaffens des Sohnes in den Arbeiten des Vaters aufgegangen sein. Nach dem Tod seines Vaters soll Nidai Minamoto Yoshichika das Schmieden für immer aufgegeben haben. Dies könnte ein weiterer Grund dafür sein, warum Klingen des Nidai extrem selten sind.

Wie gesucht Schwerter des Nidai heute sind und wie schwierig es ist, noch einen Nidai Minamoto Yoshichika zu erstehen, zeigt sich auch daran, dass am Markt schon Fälschungen aufgetaucht sind, was für Gendaito eher ungewöhnlich ist. Auch dem Autor sind aufgrund seiner langjährigen Beschäftigung mit dem Thema zwei Fälschungsversuche bekannt. Im ersten Fall handelte es sich um einen originalen Minamoto Yoshichika, dem man der Signatur später ein „Nidai" vorangestellt hatte. Der von der ursprünglichen Signatur abweichende Duktus offenbarte den Fälschungsversuch. Im zweiten Fall genügte schon die Klinge in keiner Weise der Qualität und dem künstlerischen Anspruch eines Minamoto Yoshichika. Die Begutachtung der Angel *(nakago)*, die eklatant von der Ästhetik einer originalen Arbeit abwich sowie eine Signatur, die dem Duktus der originalen Signatur nicht entsprach, bestätigten letztendlich den Verdacht, der bereits bei der Begutachtung der Klinge aufgekommen war.

Nidai Minamoto Yoshichika soll als „*Rikugun Jumei Tosho*" für die Armee gearbeitet haben und deshalb mit *Tamahagane* versorgt worden sein. Diese These wird dadurch gestützt, dass der Autor während der Recherchen zu diesem Buch im World Wide Web dreimal auf Klingen stieß, die mit „*Nidai Minamoto Yoshichika Saku Kore*" signiert waren und die auf der Angel zusätzlich das *Kikusui-mon* trugen. Das *Kikusui-mon* ist das Wappen des Minatogawa-Schreins und stellt eine Chrysantheme auf den Wellen des Flusses Minatogawa dar. Eines dieser

Schwerter ist im „Japanese Sword Online Museum" der Firma „Aoi-Art" abgebildet und ausführlich beschrieben.[24]

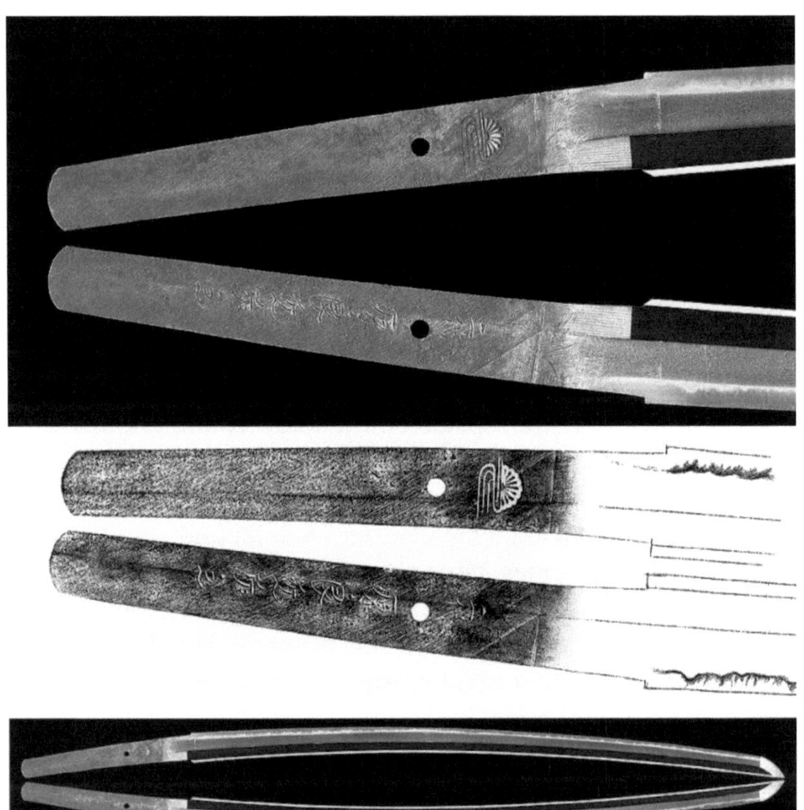

Eine kulturhistorisch bedeutsame Arbeit der zweiten Generation Minamoto Yoshichika. Tachi-mei „Nidai Minamoto Yoshichika Saku Kore". Ura mit Kikusui-mon. Dieses Schwert wurde von Nidai Minamoto Yoshichika am Minatogawa-Schrein im Auftrag für einen hochrangigen Offizier und Angehörigen des kaiserlichen Hofs geschmiedet.[25] Fotos/Oshigata

---

[24] https://www.aoijapan.net/katana-minamoto-yoshichika-saku-kore/
[25] https://www.aoijapan.net/katana-minamoto-yoshichika-saku-kore/

Die Tatsache, dass Klingen des Nidai existieren, die ein *Kikusui-mon* auf der Angel tragen, belegt, dass Nidai Minamoto Yoshichika auch am Minatogawa-Schrein tätig war und dort Schwerter für die Kaiserlich Japanische Marine geschmiedet hat. Auf Betreiben der Marine wurden am Schrein ab 1941 von namhaften Schwertschmieden traditionelle Samuraischwerter für Absolventen der Marineakademie und hochrangige Marineoffiziere geschmiedet. Diese Schwerter tragen zusätzlich zur Signatur des Schmieds auch das *Kikusui-mon* auf der Angel.[26] Insgesamt sollen am Minatogawa-Schrein nur einige hundert Schwerter geschmiedet worden sein, die deshalb von Sammlern gesucht und heute genauso begehrt sind wie die Schwerter, die am Yasukuni-Schrein geschmiedet wurden.[27]

Der Minatogawa-Schrein ist ein Shinto-Schrein in Kobe, Japan, der zur Verehrung von Kusunoki Masashige errichtet wurde, der nach der verlorenen Schlacht am Minatogawa *Seppuku* beging. Die kaiserlichen Streitkräfte unter der Führung von Kusunoki Masashige versuchten am 5. Juli 1336, die von Ashikaga Takauji angeführten Rebellen abzufangen. Dabei entschied sich Kaiser Go-Daigo gegen die Strategie seines Feldherrn, was schließlich zur Niederlage der kaiserlichen Streitkräfte führte. Trotz dieser Niederlage wird Kusunoki Masashige am Minatogawa-Schrein bis heute für seine gegenüber dem Kaiser bewiesene Loyalität verehrt. Seine Ehefrau ist in einem Nebenschrein eingeschreint.[28]

---

[26] Wallinga, Herman A., Gendaito Made at the Minatogawa Shrine, Verlag Herman A. Wallinga, 2000
[27] https://de.wikipedia.org/wiki/Minatogawa-Schrein
[28] https://de.wikipedia.org/wiki/Schlacht_am_Minatogawa

Der Minatogawa-Schrein auf einer alten japanischen Postkarte. Im Focus eine 28 cm Haubitze L/10. Das 1884 von der Britisch Armstong Company entwickelte Geschütz war bei der Kaiserlich Japanischen Armee von 1892 bis 1945 eingeführt und wurde in Japan im Osaka Artillery Arsenal gefertigt. Insgesamt wurden 220 Stück hergestellt. Das Geschütz war auf einer stählernen Lafette mit Drehscheibe montiert. Gesamtgewicht 10,75 Tonnen, Rohrlänge 2,86 m. Es dauerte zwei bis vier Tage, um die Haubitze in Stellung zu bringen. Zum Laden kam ein Munitionsaufzug zum Einsatz. Das Geschoss wog 217 kg und erreichte eine Mündungsgeschwindigkeit von 314 m/sec. Die Höchstreichweite betrug 7800 m. [29] Die Haubitze diente in Küstenbatterien und als Belagerungsgeschütz, unter anderem während des Russisch-Japanischen Kriegs bei der Belagerung von Port Arthur (19. Juli 1904 bis 20. Dezember 1904). Port Arthur stand im Brennpunkt verlustreicher Kämpfe, weil es der einzige eisfreie Tiefwasserhafen im Fernen Osten und für die russische Pazifikflotte von strategischer Bedeutung war. [30]

---

[29] https://en.wikipedia.org/wiki/28_cm_howitzer_L/10
[30] https://de.wikipedia.org/wiki/Belagerung_von_Port_Arthur

Russisch-Japanischer Krieg, Port Arthur, Provinz Liaoning, China: Ein Belagerungsgeschütz nimmt die Russische Pazifikflotte unter Feuer, die im Hafen von Port Arthur vor Anker liegt. Aus dem Pulverdampf heraus fliegt die 28-cm-Grante Richtung Hafen. Am 5 Dezember 1904 überrannten die Japaner nach vorrangegangenem massiven Trommelfeuer russische Stellungen und besetzten einen 203 Meter hohen Hügel. Von hier aus leitete ein Artilleriebeobachter das Feuer

auf die russische Flotte, wobei systematisch ein Schiff nach dem anderen versenkt wurde. Das Schlachtschiff Poltava sank am 5. Dezember, gefolgt von dem Schlachtschiff Retvizan am 7. Dezember. Am 9. Dezember wurden die Schlachtschiffe Pobada und Peresvet und die Kreuzer Palladan und Bayan versenkt. Alle sechs Schiffe wurden von den Japanern später gehoben und nach dem Krieg wieder in Dienst gestellt. Die 154-tägige erfolgreiche Belagerung von Port Arthur gilt als die größte militärische Leistung General Nogi Maresukes, der 1912 nach dem Tod Kaiser Meijis in der Tradition der Samurai Seppuku beging, um seinem Herrn auch in der anderen Welt zu dienen.

Nach dem Beschuss in der Bucht von Port Arthur auf Grund liegende russische Kampfschiffe.

Krönungstachi von Minamoto Yoshichika

Anlässlich der Krönungsfeierlichkeiten im Jahr 1928 wurden an höchste Würdenträger 20 Schwerter überreicht, die Kaiser Hirohito bei bedeutenden Schwertschmieden des Landes in Auftrag gegeben hatte. Darunter war zumindest auch ein Tachi von Minamoto Yoshichika.[31] Wie viele Tachi Minamoto Yoshichika tatsächlich aus diesem Anlass im Auftrag des Hofs geschmiedet hat, konnte im Rahmen dieser Recherchen nicht geklärt werden. Interessant ist jedoch, dass in den letzten Jahren drei weitere Schwerter auf den Markt gekommen sind, die belegen bzw. den Schluss zulassen, dass es sich ebenfalls um Tachi handelt, die von Minamoto Yoshichika anlässlich der Krönung im Auftrag des Hofes geschmiedet wurden. Die nachfolgenden Übersetzungen sind bewusst dicht an die originalen Texte angelehnt.

Beispiel 1: Am 16. Oktober 2012 wurde bei Bonhams, New York, ein Schwert von Minamoto Yoshichika versteigert, das Minamoto Yoshichika im Auftrag des Hofs anlässlich der Krönungsfeierlichkeiten als Geschenk an einen hochrangigen Würdenträger geschmiedet hatte. Das Schwert wurde für die Auktion wie folgt beschrieben:

"Los 1183

Ein kaiserliches Geschenk-Tachi von Minamoto Yoshichika (Mori hisasuke), datiert 1928

Verkauft für US$ 18.750 inkl. Zuschlag

Die schlanke, elegante Klinge angelegt in *hon-zukuri* (siehe hierzu auch *shinogi-zukuri*), *iori-mune, koshi-zori, ko-kissaki*, sehr dicht geschmiedete *ko-itame*, gehärtet mit einer schmalen *sugu-ba hamon*, mit *ko-maru-boshi*, die Angel *ubu, kuri-jiri*

---

[31] http://www.samuraisam.net/tachiofyoshichika.html

mit einem Angelloch signiert und datiert *Minamoto Yoshichika showa san-nen chu-shu* (Mitte Herbst 1928); einteiliges Silber *habaki*; 25 ¾ Zoll (65,5cm) lang; in *shirasaya*.

Die *tachi-koshirae* bestehend aus einer Schwarzlack *saya* dekoriert mit Paulownia-Blüten in Gold *hiramakie* montiert mit silbernen Beschlägen, die Aufhängung mit blauen und roten Hirschleder-Streifen; *tsuka* mit weißer Rochenhaut und Pinzetten-artigen *(„tweezer-type")* Silber *menuki* mit Paulownia-Blüten; Silber *fuchi-kashira*; Silber *san-mai awase* Silber *tsuba*.

Mit einem 180-Seiten-Buch mit dem Titel „Die Krönung des einhundertvierundzwanzigsten Kaisers von Japan" und einer silbernen Krönungsmedaille mit Gold *kiku*.

Fußnote: Das *tachi* im Kasten und das Buch wurden anlässlich der Krönung von Hirohito zusammen mit der Medaille vielleicht an weniger als zwanzig Würdenträger überreicht."[32]

Beispiel 2: Ein weiteres Hof-Tachi von Yoshichika ist durch die Firma „Rice Cracker" angeboten und verkauft worden. Das Schwert wurde folgendermaßen beschrieben:

„Ein sehr schönes Komplettpaket in einer *efu no tachi* Montierung, bestimmt als Geschenk auf höchster Ebene, entweder aus dem Besitz der Kaiserlichen Familie oder einer anderen hochrangigen Persönlichkeit stammend. Die Montierung befindet sich in sehr gutem Zustand, die kompletten Metallteile sind schwervergoldet. Ein kleines von den auf dem Griff befindlichen Reisbündeln fehlt, aber davon abgesehen befindet sich alles in bester Erhaltung. Die Scheide ist sehr schön in hochwertigem *Nashiji-Goldlack* ausgeführt.

…Die Klinge ist ein seltenes und ungewöhnliches Schwert von Minamoto Yoshichika. Im Stil eines alten *tachi* der *Heian-*

<hr>

Periode geschmiedet, handelt es sich um eine sehr schöne elegante Klinge. Shodai Yoshichika („Yoshichika the 1st") ist dafür bekannt, dass er für die Kaiserliche Palastgarde geschmiedet hat und viele seiner Klingen wurden von dem berühmten *Kenshi Nakayama Hakudo* getestet. Es wird angenommen, dass *Hakudo* alle Klingen von Yoshichika getestet hat, die für die Kaiserliche Palastgarde bestimmt waren, und er *(Hakudo)* hat ebenfalls ein solches Schwert getragen. Die Klinge muss poliert werden, aber man kann die gut gemachte *hada („grain structure")* und eine sehr schöne *suguha hamon* erkennen.

Oberhalb der *hamon* sieht man eine schöne gutgeschmiedete *hada* mit *ji-nie*. Die Klinge ist fehlerlos und sollte sich sehr schön polieren lassen. Die Form der Klinge ist sehr elegant und sieht für sich betrachtet wie ein *tachi* der *Heian-Periode* aus. Das vorliegende Schwert ist schon deshalb selten, weil es auch datiert ist. Klingen von Yoshichika haben oft keine Datierung auf der Angel. Die Klinge wurde zusammen mit dem *Tachi-Ständer*, der sich nur minimal beschädigt in ziemlich guter Erhaltung befindet, während der Besatzungszeit (Japans) an einen hochrangigen amerikanischen Offizier überreicht und dann in die Staaten verbracht. Signiert *Kin Yoshichika Kore O Saku Showa San Nen Ni gatsu Hi* (1928), Schneidenlänge *(nagasa)* etwas über 25 1/16" (ca. 63,66 cm)."[33]

Die detaillierten Beschreibungen lassen in beiden Fällen deutlich die außerordentliche Qualität und Schönheit der Klingen erahnen. Die Eleganz alter *Koto-Tachi*, eine jeweils fehlerlos geschmiedete dichte *Hada* und die stilsichere Ausführung der *Hamon* sprechen für Minamoto Yoshichikas Meisterschaft und künstlerische Fähigkeiten. In Verbindung mit den nahezu identischen Klingenlängen erscheinen diese Tachi wie Zwillinge aus der goldenen Zeit des japanischen Schwerts und machen

---

[33] http://ricecracker.com/

diese Schwerter aufgrund der künstlerischen Ausführung und ihres besonderen historischen Hintergrunds zu bewahrenswerten und kulturhistorisch bedeutsamen Schwertern von hohem Stellenwert.

<u>Beispiel 3</u>: Ein Tachi von Minamoto Yoshichika, signiert *„Minamoto Yoshichika"* und datiert *„showa san-nen chu-shu"* (Mitte Herbst 1928). Zur Beschreibung wurde die Beschreibung des Bonhams-Tachi (Beispiel 1) in den Text kopiert (in Anführungszeichen). Die Angaben zu *bohi* und *sori* wurden ergänzt:

„Die schlanke, elegante Klinge angelegt in *hon-zukuri, iori-mune, koshi-zori, ko-kissaki*, sehr dicht geschmiedete *ko-itame*, gehärtet mit einer schmalen *sugu-ba hamon*, mit *ko-maru-boshi*, die Angel *ubu, kuri-jiri* mit einem Angelloch signiert und datiert *Minamoto Yoshichika showa san-nen chu-shu* (Mitte Herbst 1928)". Einteiliges vergoldetes Kupfer *habaki, naga-sa* 63,5 cm, in *shirasaya."* Ergänzung: *bohi hisaki agari, maru dome; sori 23 mm.*

Die weitere Beschreibung wurde aus der Beschreibung des Rice-Cracker-Tachi (Beispiel 2) kopiert: „Die Form der Klinge ist sehr elegant und sieht für sich betrachtet wie ein *tachi* der *Heian-Periode* aus. Das vorliegende Schwert ist schon deshalb selten, weil es auch datiert ist. Klingen von Yoshichika haben oft keine Datierung auf der Angel."

Die Ähnlichkeit der Arbeit zu den vorab beschriebenen Tachi (Beispiel 1 und 2) und die für Minamoto Yoshichika seltene und besondere Datierung „Mitte Herbst 1928" – 1928 fand die Throneinführung Kaiser Hirohitos statt – lassen den Schluss zu, dass es sich bei der vorliegenden Klinge um ein weiteres Tachi handelt, das von Minamoto Yoshichika anlässlich der Krönungsfeierlichkeiten Kaiser Hirohitos geschmiedet und nach Kriegsende durch die Beschlagnahme der Siegermächte ins Ausland verbracht wurde. Die Klinge wurde neu poliert. Ferner wurden ein neues *Habaki* und eine neue *Shirasaya* in Auftrag gegeben und die Klinge abschließend in einer *Shinsa* der NTHK zur Begutachtung vorgelegt. Ein Ausschnitt des NTHK-Shinteisho mit Angelabrieb *(Oshigata)* und den persönlichen Siegeln von sechs Gutachtern ist auf Seite 37 abgebildet. Dem damaligen Sammler verdanken wir, dass dieses besondere Schwert nicht unterging und für die Nachwelt bewahrt wurde. Das Tachi befindet sich heute im Besitz des Autors.

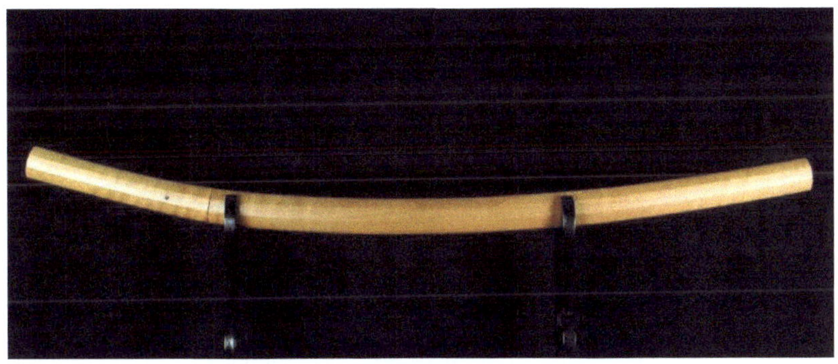

Shodai Minamoto Yoshichika Beispiel 3: Die schlanke, elegante Klinge mit perfekt geschnittenen bohi und ästhetisch angelegtem hoso suguha hamon in shirasaya.

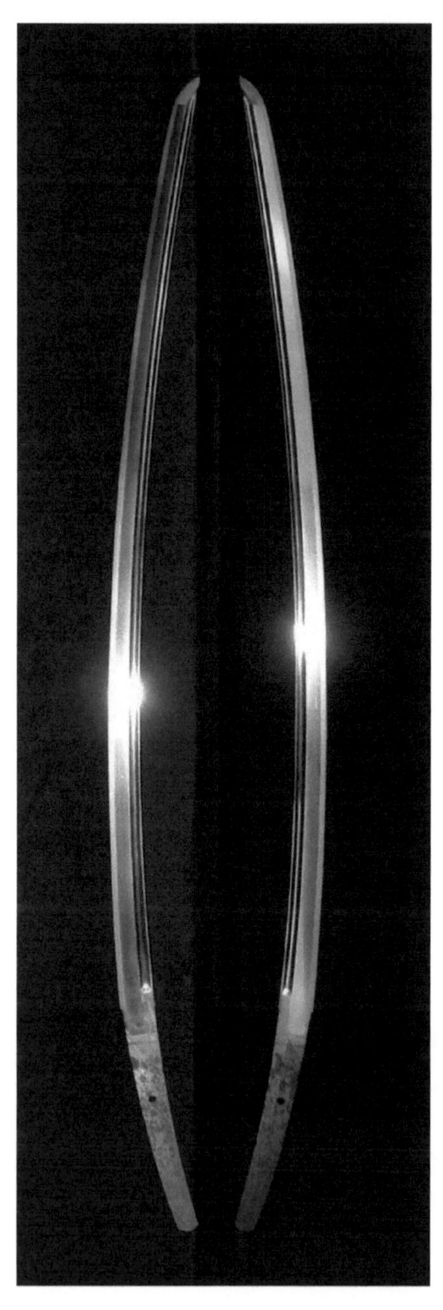

34

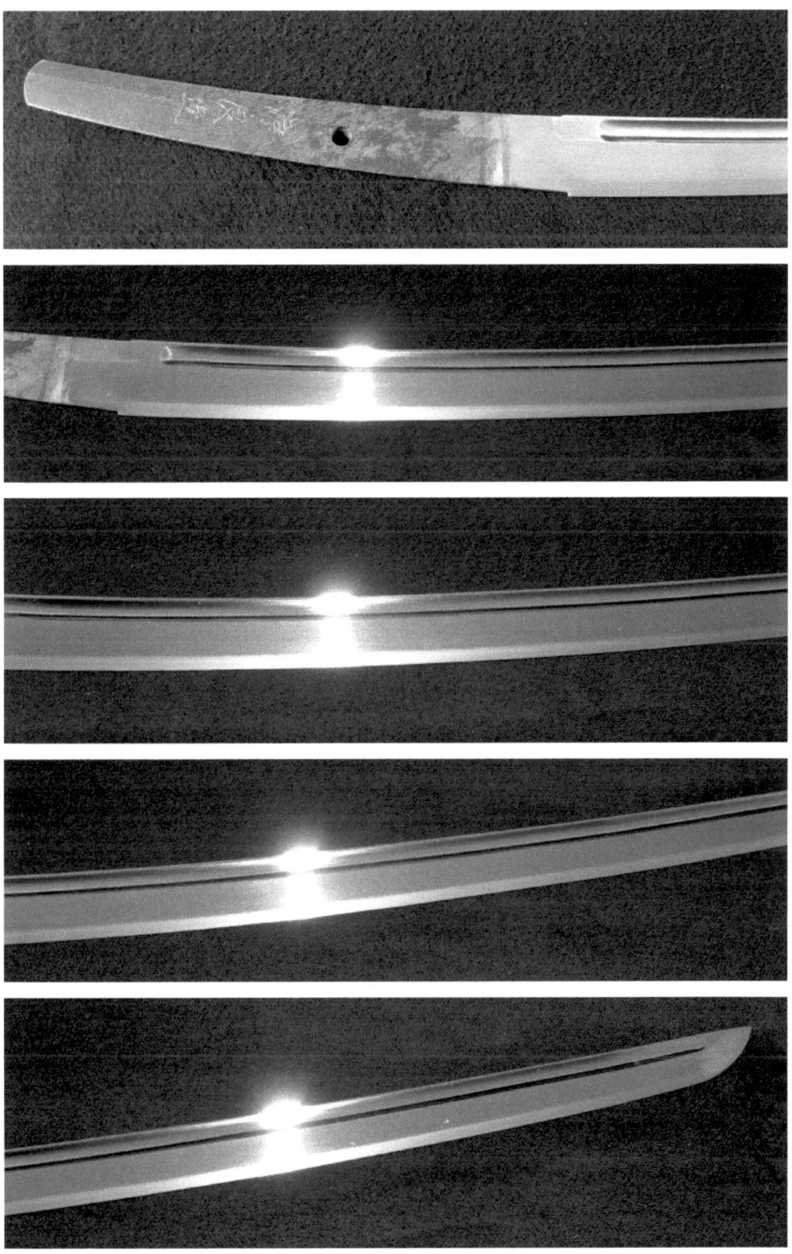

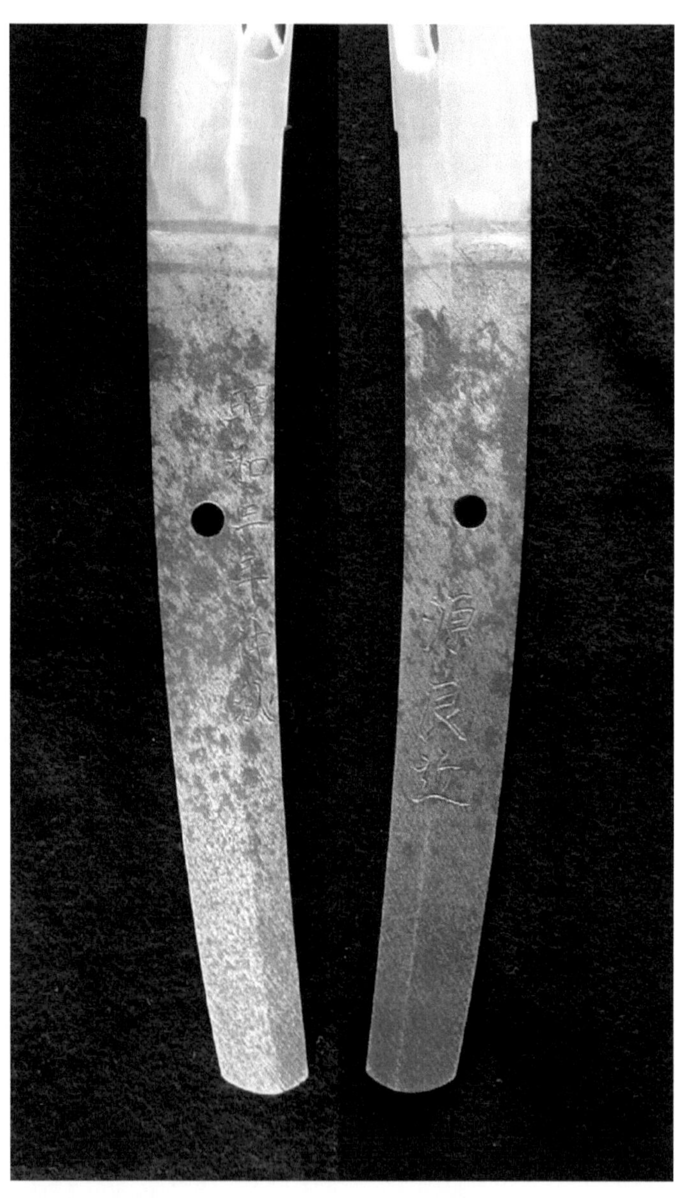

Die Klinge Tachi-mei „Minamoto Yoshichika", die Ura datiert „Showa San-Nen Chu-Shu" (Mitte Herbst 1928).

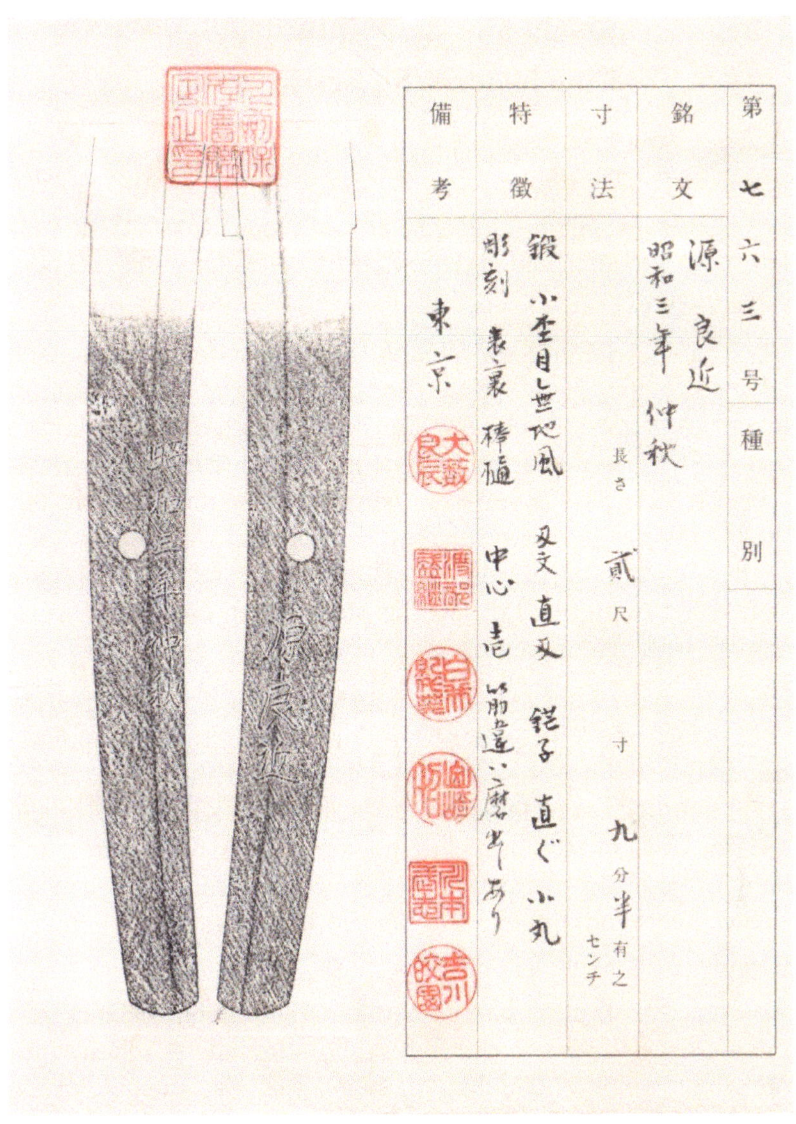

Ausschnitt aus dem NTHK-Shinteisho mit Angelabrieb (Oshi-gata) und den persönlichen Siegeln von sechs Gutachtern.

Tamahagane oder „Juwelenstahl"
Eine historische Betrachtung

Kommen wir nun zu der Frage, ob nur Schwerter aus *Tamahagane* „echte" *Nihonto* oder *Gendaito* sein können. Hierzu ist es angebracht, einen kurzen Blick auf jenen Rohstahl zu werfen, den wir auch unter dem Begriff „Juwelenstahl" kennen: *Tamahagane.*

Über die Gewinnung von *Tamahagane* ist in der einschlägigen Literatur genug berichtet worden, sodass wir uns die Beschreibung des *Tatara-Rennofens* und des Verhüttungsprozesses an dieser Stelle sparen können. Wichtig für die weitere Betrachtung ist aber, dass bei diesem Verhüttungsverfahren nicht nur die Ausbeute an verwertbarem Rohstahl im Verhältnis zum Materialeinsatz gering ist; der Rohstahl ist auch noch relativ stark verunreinigt und der Kohlenstoff in den einzelnen Tamahagane-Brocken ungleichmäßig verteilt.[34]

Darin liegt die Ursache für den aufwendigen Schmiedeprozess der japanischen Klinge, denn nur durch sorgfältige Behandlung des Stahls beim Schmieden und häufiges Falten konnte der Stahl homogen verschweißt werden und eine Klinge entstehen, die frei von Lunkern und Unreinheiten war. In Verbindung mit dem komplexen Aufbau des Schwertkörpers entstanden so Schweißverbundklingen, wie wir sie bei japanischen Schwertern bis heute kennen.

Aber auch in Europa gab es bei den frühmittelalterlichen germanischen Schwertern des 8. bis 11. Jahrhunderts schon komplexe Schweißverbundklingen, bei denen die Schneidleisten separat auf den aus Torsionsdamast bestehenden Schwertkörper geschmiedet waren. Doch während in Japan diese Schmie-

---

[34] Leon and Hiroko Kapp, Yoshindo Yoshihara, The Craft of the Japanese Sword, Kodansha International Ltd., 1987

detechnik bis heute traditionell angewendet wird, änderte sich die Technik zur Klingenherstellung in Europa bereits mit dem ausgehenden 11. Jahrhundert.

Aufgrund der Verbesserung der Rennofentechnik beginnt in dieser Zeit der Verzicht auf komplizierte Fertigungsprozesse zugunsten leistungsfähiger Monoblock-Klingen *(siehe auch Ulfberht-Klingen)*.[35] Während in Japan der *Tatara-Rennofen* traditionell weiter betrieben wurde, wurde in Europa die Verhüttungstechnik permanent vorangetrieben und verbessert.

Als portugiesische und holländische Handelsschiffe ab Mitte des 16. Jahrhunderts verstärkt die Küsten Japans anliefen, gelangte erstmals auch Rohstahl aus Europa nach Japan. Die japanischen Schmiede erkannten aufgrund seiner Reinheit rasch die Vorteile dieses Stahls und schmiedeten die ersten Schwerter aus *„Namban-tetsu"* *(„Eisen von den südlichen Barbaren")*. Mit Ausnahme der Tatsache, dass der verwendete Rohstahl zur Schwertherstellung ein anderer war als *Tamahagane*, nämlich importierter Stahl aus Europa, änderte sich an den traditionellen Schmiedetechniken nichts. Schwerter aus importiertem Stahl waren aufgrund der Stahlqualität bei den Samurai äußerst begehrt und erzielten höhere Preise als Schwerter aus *Tamahagane*. Stolz signierten die Schmiede die Angeln dieser Schwerter mit *„Namban-tetsu"*.

Zusammen mit dem Stahl kamen auch die ersten Gewehre *(Tanegashima-Gewehr)* nach Japan, die die damalige Kriegsführung revolutionierten.[36] In der *Schlacht von Nagashino (1575)* setzten die Verbündeten unter *Oda Nobunaga* und *Tokugawa Ieyasu* erstmals massiert Arkebusen-Schützen ein, die hinter Palisaden in Stellung gingen. Beim Angriff wurde die bis dahin unbesiegte Reiterei der *Takeda* Welle auf Welle im Feuer der Arkebusiere niedergemäht und nahezu vollständig aufgerie-

---

[35] http://de.wikipedia.org/wiki/Ulfberht
[36] https://de.wikipedia.org/wiki/Tanegashima-Arkebuse

ben.[37] Es gibt noch genügend Schwerter aus dieser Zeit, die, obwohl sie aus importiertem Stahl und nicht aus *Tamahagane* geschmiedet worden sind, sämtlich *Origami* erhalten haben und deshalb als „echte" *Nihonto* anerkannt sind.[38]

Unter der Herrschaft und dem Einfluss der mächtigen Nabeshima Daymio entwickelte sich die Provinz Hizen ab der Keicho-Periode (1596-1615) zu einem blühenden Schmiede- und Handelszentrum für neue Schwerter aus importiertem Stahl. Begünstigt wurde dies durch die geografische Lage der Provinz Hizen auf der Halbinsel Kyushu, wo es zwei prosperierende Handelshäfen gab, über die auch Rohstahl aus Europa nach Japan eingeführt wurde. Einer davon war der Hafen von Fukae, dem heutigen Nagasaki, der unmittelbar in der Provinz Hizen lag. Unter dem Monopol der Nabeshima-Daymio wurden die *Hizen-to*, die sowohl hinsichtlich ihrer künstlerischen als auch ihrer praktischen Eigenschaften von hervorragender Qualität waren, in ganz Japan rasch zur begehrten Handelsware.

Die meisten dieser Schwerter entstammen der Tadayoshi-Schule, die im Verlauf ihres Wirkens viele bedeutende Schwertschmiede hervorbrachte. Begründer der Schule war Hashimoto Shinsaemon Tadayoshi. „Er ging 1596 nach Kyoto, wo er bei Umetada Myoju lernte. Nach einer dreijährigen Lehrzeit kehrte er nach Hizen zurück und lebte in der Burgstadt Saga, wo er für den Nabeshima-Clan arbeitete. Später wurde ihm der Titel Musashi Daijo verliehen und er änderte seinen Namen in Tadahiro. Omi Daijo Tadahiro war die zweite Gene-

---

[37] Goepper, Roger, Oishi Shinzaburo, Tokugawa Yoshinobu,
Shogun, Kunstschätze und Lebensstil eines japanischen Fürsten der Shogun-Zeit, Katalog zur Ausstellung im Haus der Kunst München,
Toppan Printing Co., Ltd., Tokyo, September 1984
[38] "NAMBAN TETSU Project", Token Sugita Europe,
http://www.tokensugita.com/NT.htm

ration Tadayoshi. Der dritten Generation, Mutsu Daijo Tadahiro, wurde später der Titel Mutsu no Kami verliehen."[39]

„In den Anfängen der ersten Generation Tadayoshi zeigt die jihada eine etwas grobe und lockere ko-mokume hada vermischt mit o-hada, aber ab dem Ende der Keicho-Ära wird sie zu einer dichten und feinen ko-mokume hada mit ji-nie und ckikei. Diese spätere jihada wird *konuka-hada* genannt und ist charakteristisch für Hizen-to".[40] Ursächlich hierfür dürfte die Verwendung von importiertem Rohstahl *(namban-tetsu)* gewesen sein, der den Schmieden bei Beibehaltung der traditionellen Schmiedetechniken aufgrund seiner Homogenität gegenüber Tamahagane völlig neue Möglichkeiten eröffnete. Bis zur Meiji-Restauration schmiedeten neun Generationen Tadayoshi, wobei allein für die zweite Generation bis zu sechzig Schmiede gearbeitet haben sollen, um der großen Nachfrage nach *Hizento* nachzukommen.[41] Dennoch war die überwiegende Zahl dieser Schwerter von hervorragender Qualität.

Genauso begehrt waren die Schwerter der Edo-Echizen-Yasutsugu-Schule. Shodai Yasutsugu war einer der ersten Befürworter von importiertem Stahl *(namban-tetsu)* bei der Schwertherstellung, weil er die Vorteile dieses Stahls gegenüber Tamahagane früh erkannt hatte. Voller Stolz signierte er die Angeln seiner Schwerter mit dem Zusatz *„Namban-tetsu"*, um auf die Verwendung importierten Stahls hinzuweisen. Es steht fest, dass gerade dieser Umstand dazu beitrug, seinen Ruhm als Schwertschmied in ganz Japan zu festigen und zu mehren. Vie-

---

[39] Kokan Nagayama, The Connoisseurs Book of Japanese Swords
Kodansha International, Japan, 1. Edition 1997, p. 246
[40] Kokan Nagayama, The Connoisseurs Book of Japanese Swords
Kodansha International, Japan, 1. Edition 1997, p. 247
[41] Clive Sinclaire, To-Ken Society of Great Britain, "Hizen-to",
http://www.japaneseswordindex.com/hizen-to.htm

le Klingen der ersten Generation Yasutsugu weisen kunstvoll ausgeführte *Horimono* auf. Es wird vermutet, dass Yasutsugu die *Horimono* auf seinen frühen Klingen persönlich gestochen hat. Allerdings sollen die bekanntesten und schönsten *Horimono* auf seinen Klingen von den berühmten Graveuren der Kinai-Familie stammen.[42]

„Yasutsugu wurde in der Provinz Omi geboren und benutzte in seinen frühen Jahren Shimosaka als Schwertschmiedenamen, bevor er in die Provinz Echizen zog. Als er den Schriftzug „Yasu" aus dem Namen von Tokugawa Ieyasu erhielt, änderte er seinen Namen in Yasutsugu und durfte auf seinen Klingen das „Aoi-Mon", das Familienwappen des Tokugawa-Clans, verwenden. Diese Ehre wurde ihm 1507 von Tokugawa Ieyasu persönlich verliehen. Yasutsugu stellte abwechselnd Schwerter in den Provinzen Edo und Echizen her, nachdem er von Tokugawa Ieyasu angestellt worden war. Nach dem Tod des zweiten Yasutsugu führte ein Streit um die Erbfolge in der Familie zu einer Spaltung innerhalb der Yasutsugu-Schule. Im Ergebnis wurde der älteste Sohn Oberhaupt der Yasutsugu-Linie in Edo und der dritte Sohn trat die Nachfolge des Yasutsugu-Zweiges in Echizen an. Beide Linien benutzten Yasutsugu von Generation zu Generation als Schmiedenamen, jedoch erreichte im Verlauf der Edo-Zeit kein Schmied mehr das künstlerische Können der ersten Generation Yasutsugu."[43]

Zwei Klingen der ersten und dritten Generation Yasutsugu sollen hier abschließend die Originalität und Qualität von Schwertern belegen, die schon im alten Japan aus importiertem Stahl geschmiedet worden sind. Die Fotos stammen aus dem *Japanese Sword Online Museum, Aoi-Art, Tokio, Japan*, und spie-

---

[42] https://www.nihonto.com/the-yasutsugu-school
[43] Kokan Nagayama, The Connoisseurs Book of Japanese Swords
Kodansha International, Japan, 1. Edition 1997, p. 240

geln nur eine kleine Auswahl aus dem Fundus des *Japanese Sword Online Museum* wieder.

Ein absolutes Meisterwerk der ersten Generation Yasutsugu, geschmiedet aus importiertem Stahl, signiert „Motte Namban-tetsu Oite Bushu Edo Echizen Yasutsugu" mit Tokugawa-Mon und Tokubetsu Hozon Origami der NBTHK.[44] Fotos/Oshigata mit freundlicher Genehmigung von Kazushige Tsuruta-San, Aoi-Art, Tokio, Japan.

---

[44] https://www.aoijapan.net/katana-motte-nanbantetsu-oite-bushu-edo-echizen-yasutsugufirst-generation/

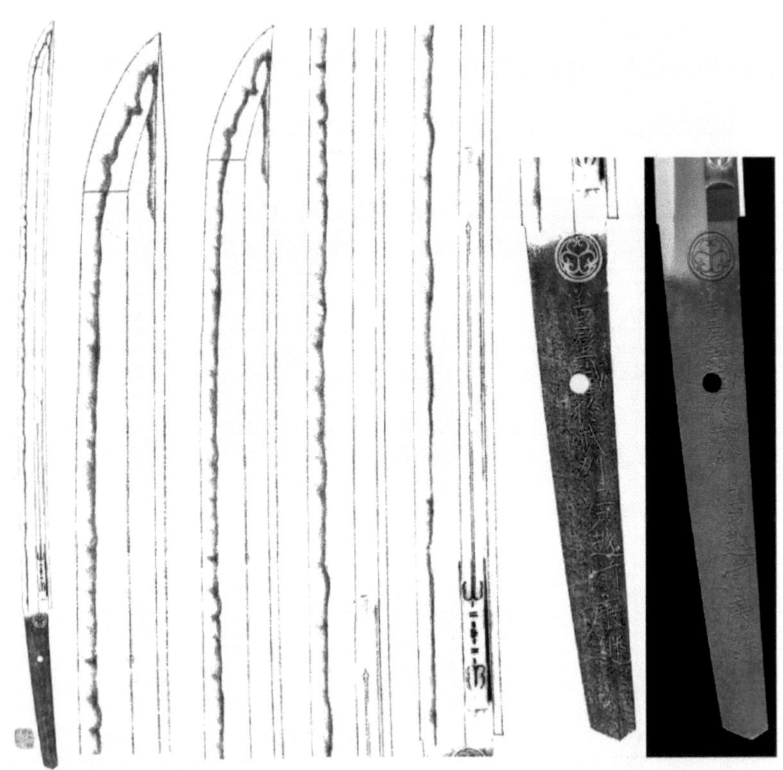

Oshigata der Klinge und der Angel mit Foto der Angel der Klinge der ersten Generation Yasutsugu. Gut zu erkennen das Wappen (Mon) der Tokugawa-Shogune, dessen Verwendung Shimosaka in Verbindung mit dem Schriftzug „Yasu" 1507 von Tokugawa Ieyasu persönlich verliehen wurde. Shimosaka änderte daraufhin seinen Namen in Yasutsugu und signierte seine Schwerter fortan mit Yasutsugu und dem Tokugawa-Mon. Fotos/Oshigata mit freundlicher Genehmigung von Kazushige Tsuruta-San, Aoi-Art, Tokio, Japan.

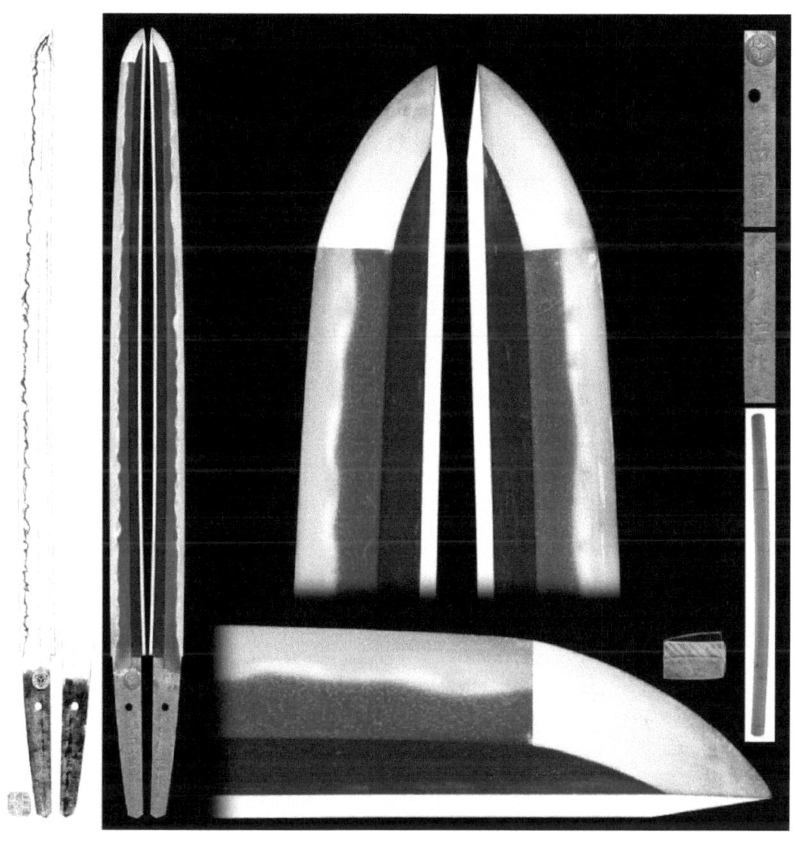

*Ein technisch und künstlerisch perfektes O-Wakizashi der drit-
ten Generation Yasutsugu aus importiertem Stahl im Kanbun-
Shinto-Stil, signiert „Yasutsugu Motte Namban-tetsu – Oite
Bushu Edo Saki No" und Tokugawa-Mon. Die Klinge mit Tokubetsu Hozon Origami der NBTHK.[45] Fotos/Oshigata mit
freundlicher Genehmigung von Kazushige Tsuruta-San, Aoi-
Art, Tokio, Japan.*

---

[45] https://www.aoijapan.net/wakizashi-yasutsugu-motte-nanbantetsuoite-
busyu-edo-saki-no/

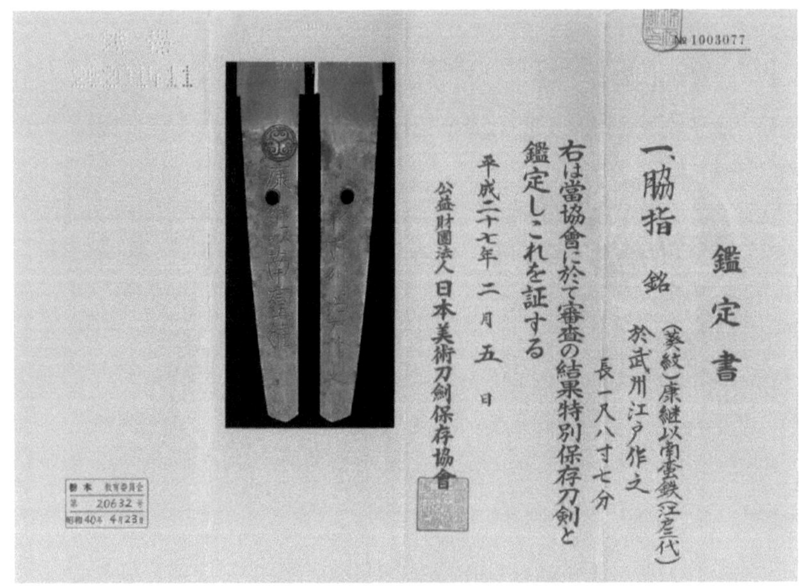

No. 1003077

鑑定書

一、脇指　銘　（葵紋）康継以南蛮鉄（江戸三代）
於武州江戸作之
長一尺八寸七分

右は當協會に於て審査の結果特別保存刀剣と
鑑定しこれを証する

平成二十七年　二月　五　日

公益財團法人　日本美術刀剣保存協會

NBTHK Tokubetsu Hozon Origami des abgebildeten O-Wakizashi der dritten Generation Yasutsugu, signiert „Yasutsugu Motte Namban-tetsu – Oite Bushu Edo Saki No" und Tokugawa-Mon.[46] Fotos/Oshigata mit freundlicher Genehmigung von Kazushige Tsuruta-San, Aoi-Art, Tokio, Japan.

Die Tatsache, dass Klingen aus *Namban-tetsu* das Familienwappen der Tokugawa-Shogune tragen durften, beweist die hohe Wertschätzung, die man dem importierten Stahl im alten Japan zollte. Damit dürfte die Frage, ob Schwerter aus importiertem Stahl „echte" Nihonto sein können, auch aus historischer Sicht zugunsten des importierten Stahls erschöpfend beantwortet sein. Diese Ansicht teilten auch schon die Krieger des feudalen Japan, deren Leben stündlich von einem guten Schwert abhängen konnte. Voller Stolz trugen die Samurai bereits vor über 400 Jahren Schwerter aus importiertem Stahl,

---

[46] https://www.aoijapan.net/wakizashi-yasutsugu-motte-nanbantetsuoite-busyu-edo-saki-no/

die man damals nach heutigem Sprachgebrauch vielleicht als *„Hochleistungs- oder High-Tech-Nihonto"* bezeichnet hätte.

Nichts anderes hat Minamoto Yoshichika gemacht, als er seinen eigenen Weg bei der Weiterentwicklung japanischer Schwerter hin zum *„Hochleistungs-Gendaito"* verfolgte. Sein Ziel war es, den Samurai der Moderne und den Offizieren seiner Majestät des Kaisers künstlerisch vollkommene Schwerter an die Hand zu geben, die aufgrund ihrer technischen Perfektion auch im härtesten Nahkampf bestehen konnten. Dass dies auf japanische Schwerter in der Praxis nicht immer zutraf, ist eine Tatsache, die bei aller Wertschätzung des japanischen Schwerts nicht geleugnet werden darf.

Was jetzt folgt, ist nicht dazu bestimmt, die Bedeutung des japanischen Schwerts als Waffe und weltweit einzigartigem Kunstwerk zu schmälern oder dem japanischen Schwert den Stellenwert abzusprechen, den es unter allen Blankwaffen dieser Welt einnimmt. Das folgende Kapitel wäre auch nie geschrieben worden, wenn der Autor nicht selbst ein großer Bewunderer des japanischen Schwertes wäre. Dennoch kommen wir bei der weiteren Betrachtung nicht umhin, Dinge anzusprechen, die den einen oder anderen Schwärmer aus seinen Träumen reißen und mit der Wirklichkeit konfrontieren werden.

Das Sinnbild vom zerbrochenen Schwert

„Das japanische Schwert verbiegt nicht, zerbricht nicht und die Schärfe seiner Schneide ist legendär." Diesen Satz hat jeder, der sich mit japanischen Schwertern befasst, so oder ähnlich schon einmal gehört oder gelesen. Wenn das japanische Schwert auch ungleich belastbarer sein mag als viele andere Klingen, kommen wir dennoch nicht umhin, das Glaubensbekenntnis an die Unzerstörbarkeit des japanischen Schwerts an dieser Stelle zu relativieren.

Natürlich können auch japanische Schwerter verbiegen. Sie können auch brechen und wenn ihre Schneiden auch rasiermesserscharf sind, sind sie doch verletzlich. Ein Grund, warum die Samurai einen Schwerthieb mit dem Klingenrücken parierten, denn es galt, die empfindliche Schneide zu schonen. Es gibt noch genug alte Schwerter, bei denen der Klingenrücken von Schlachtnarben (*kiri-komi*) förmlich zersägt ist. Genauso wurden die Schwerter im Frieden anders (schärfer) poliert als für den Krieg, denn in Friedenszeiten war der Schneide bei einem Zweikampf nur der Kimono im Weg. An einem Gegner in großer Rüstung (*oyoroi*) hätte die gleiche Schneide leicht Schaden nehmen können.

Das Bild vom zerbrochen Schwert, das für die gebrochene Seele des Samurai steht, kommt nicht von ungefähr. Auch im alten Japan brachen Schwerter im Kampf, wenn sie nicht sorgfältig genug geschmiedet worden waren und Schmiedefehler enthielten. Genauso können Schwerter aufgrund unsachgemäßer Handhabung bei Schneidetests beschädigt oder zerstört werden. Auf der Web-Seite des *„Aikido Center of Los Angeles"* gibt es hierzu eine erwähnenswerte Abhandlung von *Kensho Furuya*

Sensei unter dem Titel *„Proper Use of Swords“*.[47] Darin bezieht sich *Kensho Furuya Sensei* auf ein seltenes Buch eines Schwert-Experten, der im Zweiten Weltkrieg Schwerter für die Japanische Armee instand gesetzt hatte, die auf dem Schlachtfeld beschädigt worden waren.[48]

Darin wird von Schwertern berichtet, die irreparabel zerstört wurden: „Die meisten Schwerter konnten den Strapazen im tatsächlichen Kampf *(„actual combat“)* nicht standhalten und zerbrachen. Zusätzlich zu den Klingen, die beim Aufprall zerbrachen, kritisierte der Verfasser auch die Länge des Griffs *(tsuka)*. Wenn der Griff zu lang war, zerbrach er beim Aufprall leicht. Darüber hinaus kann ein längerer Griff dazu führen, dass die Angel sehr oft am Angelloch *(mekugi-ana)* bricht. Gebrochene *tsuka* waren die am zweithäufigsten auftretenden Schäden an Schwertern.“

Es wird angemerkt, dass ein Großteil der Schäden auch auf unsachgemäßen Gebrauch zurückgeführt werden konnte: „Viele Soldaten waren im Schwertkampf nicht richtig ausgebildet.“ Weiter werden die Ursachen für Beschädigungen darin gesehen, dass die meisten Schwerter, die während des Kriegs zum Einsatz kamen, weniger den Anforderungen an ein ideales Kampfschwert als den Armeevorschriften entsprachen: „Als Ergebnis davon waren viele Schwerter zu schwer oder standen in einem Missverhältnis zwischen Angel- und Klingenlänge, Gewicht, Krümmung etc.“

Als Beispiel für ein ideales Kampfschwert verweist *Kensho Furuya Sensei* auf die Schwerter der *Muromachi-Periode (1336 – 1573)*. Das Ende dieser Periode bildete die *Sengoku-Zeit (1477 – 1573),* die als *„Zeit der streitenden Reiche“* oder

---

„Zeit der kriegführenden Lande" in die Geschichte Japans einging. Damals begegneten sich die Armeen nicht mehr nur auf dem Schlachtfeld. Der Krieg überzog das ganze Land und wurde auch in die Städte getragen, wo Nahkämpfe auf engstem Raum tobten. Entsprechend änderten sich Kampftechniken und die Länge und Form der Schwerter. Das *Uchigatana* mit einer durchschnittlichen Länge von 60 cm war geboren.[49]

„Während der Muromachi-Periode, den Anfängen des Iaido, waren die meisten Iaido-Klingen in der Regel nur ca. 61 cm lang. Auch dies entspricht den Lehren, die ich *(Kensho Furuya Sensei)* soeben erwähnt habe. Bei einer 61-cm-Klinge ist der Griff nur etwa 20 cm lang – für moderne Standards sehr kurz – aber wenn wir die frühen Montierungen *(koshirae)* dieser Periode untersuchen, stellen wir fest, dass der Schwertgriff *(tsuka)* im Allgemeinen etwa diese Länge hat. Das liegt nicht daran, dass die frühen Japaner kleinere Hände hatten, sondern daran, dass die Länge des Griffs durch sein effektivstes Verhältnis zur Länge der Klinge bestimmt wird."

Kensho Furuya Sensei berichtet weiter von einem seiner *Iaido-Lehrer*, der als Inspekteur für die Kaiserlich Japanische Armee gearbeitet hatte und der während des Krieges mit dem Schwert mehrere Nahkämpfe auf Leben und Tod gefochten hatte. Er war überrascht, als er erfuhr, dass sein Lehrer anstelle eines *Katana* ein sehr leichtes, kurzes Schwert benutzt hatte, dessen Schneide gerade mal 23 Zoll (ca. 58,4 cm) lang war. Es hatte keine lange, breite Klinge, wie sie heute gern von Kampfsportlern verwendet werden.

Sein Lehrer erklärte ihm, dass es bei Übungen vertretbar sei, eine lange, schwerere Klinge zu verwenden, um seine Technik weiterzuentwickeln, aber im Kampf auf Leben und Tod sei eine kürzere, leichtere Klinge schneller und besser zu führen.

---

[49] https://de.wikipedia.org/wiki/Uchigatana

Eine leichtere Klinge würde genauso gut schneiden und würde nicht so leicht brechen wie eine lange Klinge. Genauso soll *Hakudo Nakayama* kürzere Klingen für den Kampf Mann gegen Mann empfohlen haben.[50]

[50] Aikido Center of Los Angeles, The Aiki Dojo Newsletter, November 2020, Proper Use of Swords by Rev. Kensho Furuya
http://www.aikidocenterla.com/newsletter

Das japanische Schwert als Kunstobjekt

Bevor wir mit der Betrachtung der Schwerter von Minamoto Yoshichika fortfahren, muss kurz erklärt werden, welche essentiellen Merkmale es sind, die das Japanische Kunstschwert von der reinen Waffe abheben. Hierzu gilt nach wie vor, was Prof. Otto Kümmel, Gründer und Direktor des Museums für Ostasiatische Kunst in Berlin, der Japan von 1906 bis 1909 bereiste, in seinem Buch „Das Kunstgewerbe in Japan"[51] hierzu geschrieben hat:

„Das wesentliche Element (des japanischen Schwerts) ist natürlich die Klinge... Indessen liegen die Eigenschaften der japanischen Klinge so tief unter der Oberfläche verborgen…, dass es einem Europäer fast unmöglich ist, zu einer Auffassung selbst gröberer Unterschiede zu gelangen. Alle japanischen Klingen, die sich über ein gewisses, sehr niedriges Niveau erheben, erscheinen dem Europäer zunächst fast unbegreiflich vollkommen, und die deutlichen Qualitätsstufen, die jeder Japaner von einiger Schwertbildung auf den ersten Blick sieht, sind (für den Europäer) so gut wie unerkennbar."

Michael Hagenbusch führt hierzu anlässlich des ersten europäischen Symposiums zu dem Thema „Die Kunst der Samurai"[52] weiter aus: „Hierbei ist zunächst eines wichtig, dass man sich nämlich klar macht, um was es bei diesen Qualitätsunterschieden überhaupt geht. Dazu mag vielleicht die Übersetzung des Namens der japanischen Gesellschaft beitragen, der schon erwähnten NBTHK. Übersetzt heißt diese Gesellschaft nicht nur „Gesellschaft zur Bewahrung des japanischen Schwerts", sondern „zur Bewahrung des japanischen Kunstschwerts". Um

---

[51] Kümmel, Otto, Das Kunstgewerbe in Japan, Schmidt & Co. Berlin, 3. Auflage 1922
[52] Hagenbusch, Michael, Katalog zum ersten europäischen Symposium „Die Kunst der Samurai", Deutsches Klingen-Museum, Solingen 1984

diese Eigenschaft zu erfüllen, muss ein Schwert „sowohl künstlerischen als auch historischen Wert besitzen, seine eigenen, einzigartigen und herausstechenden Eigenschaften in Bezug auf Form, Qualität und technische Details haben und repräsentativ für einen bestimmten Künstler, eine Schule oder einen Ort sein, an dem es geschmiedet wurde.“

„Diese Merkmale des japanischen Schwerts können ohne weiteres klar erkannt und erlernt werden, da sie auf der Hand liegen – geschulte Augen vorausgesetzt. …Dieselbe Art und Weise, Architektur, Malerei, Skulptur oder Musik an ihrem Stil zu erkennen und einordnen zu können, ist auch auf das Schwert anzuwenden, das man an seinem Stil erkennen und zeitlich und räumlich einordnen kann, wobei man mehr Kriterien zur Verfügung hat als bei anderen Künsten, da das Schwert mehrere Kunstformen in sich vereinigt.“ Hagenbusch weiter: „Bei japanischen Klingen handelt es sich um hohe Kunst, eine Kunst, bei deren Studium sich bei dem Betrachter auch eine gewisse Freude einstellt. Ferner ist es nötig, sich die Charakteristika der verschiedenen Schulen, Provinzen und Meister einzuprägen, man muss zu einer Klinge sagen können: „ich kenne Dich, ich weiß, wo, in welcher Zeit und von wem Du gemacht wurdest“, um auch wirklich zur Auffassung der gewissen Qualitätsunterschiede zu kommen.“

Die Unsicherheit vieler Sammler, zu einer Klinge wirklich sagen zu können, „Ich kenne Dich, ich weiß, wann, wo und von wem Du gemacht wurdest!“, drückt sich beim Kauf eines Schwerts oft in der Frage nach „Papieren“ (*origami*) aus. „Hat es Papiere?“ ist die am häufigsten gestellte Frage, noch bevor sich der Interessent mit der Qualität und Ästhetik des Schwerts auseinandergesetzt hat. Gerade, weil Sammler mit mangelnder Schwertbildung nicht sagen können, wann, wo und von welchem Schmied eine Klinge geschmiedet wurde, verlangen sie nach einem Zertifikat, das aussagt, was sie selbst nicht wissen.

Mit Einschränkung nachvollziehbar wird die Forderung nach Papieren, wenn es sich um ein Schwert handelt, das nicht signiert ist (*mumei*) oder im Verlauf seiner Geschichte durch Kürzung der Angel (*suriage nakago*) seine Signatur verloren hat; genauso bei der Akquise sehr teurer Schwerter, bei denen die Kosten für die Zertifizierung im Verhältnis zum Kaufpreis vernachlässigbar sind oder wenn der Verdacht auf eine falsche Signatur (*gimei*) aufgekommen ist.

Anders verhält sich dies bei Gendaito, wo die Kosten für die Vorlage des Schwerts zur Begutachtung in einer Shinsa und die Erlangung des angestrebten Zertifikats einschließlich der Transportkosten, Versicherung, Zollgebühren und der Gebühren für die Ausstellung der polizeilichen Registrierung – in Japan werden Schwerter ähnlich wie Schusswaffen behandelt und bedürfen der polizeilichen Genehmigung und Registrierung – nicht selten noch einmal ein Viertel oder ein Drittel des Marktwerts der zum Kauf angebotenen Klinge betragen können.

Bei Gendaito gibt es genug Möglichkeiten, sich mit Hilfe der einschlägigen Literatur und seriöser Veröffentlichungen im Internet über die Bedeutung eines Schwertschmieds und seiner Arbeiten zu informieren und anhand von Oshigata den Duktus des Meisters bei der Ausführung seiner Signatur zu studieren. Am besten geht dies natürlich, wenn man die erstrebte Klinge in die Hand nehmen und ausgiebig studieren kann, um sich so ein eigenes Urteil zu bilden hinsichtlich des Stils und der künstlerischen Ausführung der Klinge sowie der Ästhetik der Angel und der Echtheit der Signatur.

Kunstschwerter für den härtesten Nahkampf

Nimmt man ein Schwert von Minamoto Yoshichika in die Hand, fallen einem sofort die erstaunliche Balance und Führigkeit auf. Man hat den Eindruck, das Schwert beginnt in der Hand zu leben und will sich bewegen. Minamoto Yoshichika erreicht dieses Phänomen durch die schlanke, ausgewogene Form seiner Klingen und die Tatsache, dass er sie zusätzlich beidseitig mit perfekt geschnittenen Hohlkehlen *(bo-hi)* versieht. Dieses Profil macht die Klingen leichter bei gleichzeitiger Erhöhung der Verwindungsfestigkeit. In Verbindung mit der tiefen Krümmung *(sori)*, dem hohen Mittelgrat *(shinogi)* und der funktionalen Härtelinie *(hamon)* schuf Minamoto Yoshichika so Klingen, deren Schneidleistung legendär ist. Alle diese technischen Details und die hervorragende Stahlqualität machten seine Schwerter zu formidablen Waffen.

Das Schneiden von Bo-hi ist übrigens mit einem Risiko verbunden, dem sich nicht jeder Schwertschmied aussetzen wollte oder konnte. Bei diesem spanabhebenden Verfahren schneidet der Schwertschmied nämlich mit dem Ziehmesser in tiefere Stahllagen. Nur ein Schmied, der sich absolut sicher ist, dass er alle Lagen homogen verschweißt hat, kann tief in den Stahl schneiden, ohne dass Aufbrüche entstehen und Schmiedefehler sichtbar werden. An traditionell geschmiedeten Klingen zeugen deshalb perfekt geschnittene Bo-hi stets für die Meisterschaft und das hohe Können des Schmieds. Umgekehrt wurde und wird das Stechen von Gravuren zuweilen dazu benutzt, oberflächliche Fehler (Aufbrüche) an Klingen zu kaschieren.

Zusätzlich zu den technischen Details, die Minamoto Yoshichikas Schwerter zu perfekten Waffen machen, beweisen seine Arbeiten bei der Ausführung von *Sugata (Klingenform)*, *Hada* und *Hamon* und der Gestaltung der Angel, die bei japanischen Schwertern stets ein weiterer wichtiger Indikator für die Qualität einer Klinge ist, sein hohes handwerkliches und künstlerisches Können und lassen in seinen Arbeiten die goldene Zeit des japanischen Schwerts wiederauferstehen. Seine Schwerter sind bezüglich Form, technischer Details, Qualität und künstlerischer Ausführung unverwechselbar und repräsentieren seinen eigenen Stil und seine herausragende Meisterschaft. Durch seine Berufung zum kaiserlichen Schwertschmied und seine Arbeiten anlässlich der Krönungsfeierlichkeiten Kaiser Hirohitos sowie durch die enge Korrelation zu *Hakudo Nakayama* kommen Minamoto Yoshichika und seinen Arbeiten unstreitig auch eine besondere historische Bedeutung zu.

Bei der Begutachtung seiner Klingen wird klar, warum Minamoto Yoshichika zu den bedeutenden Schwertschmieden seiner Zeit zählt. In dem wir ein Schwert von Minamoto Yoshichika in die Hand nehmen, „begreifen" wir im wahrsten Sinne des Wortes, dass seine Arbeiten nicht nur die hohen ästhetischen Anforderungen an das japanische Schwert als Kunstobjekt erfüllen, sondern dass er durch die Herstellung schneller, hochbelastbarer und extrem scharfer Klingen auch die Anforderungen erfahrener Schwertkämpfer an eine effiziente Waffe perfekt umgesetzt hat. Damit hat Minamoto Yoshichika in seinen Arbeiten Kunst und Gebrauchstüchtigkeit in idealer Weise miteinander verbunden und so Schwerter von außergewöhnlicher Vollkommenheit und hohem Wert geschaffen. John Scott Slough und Tokuno Kazuo haben diese Leistung auf den Punkt gebracht, als sie Minamoto Yoshichikas Schwerter als *„High Grade Gendaito"*[53] und *„Highest Grade Gendaito"*[54] einstuften.

Minamoto Yoshichika, Shodai und Nidai, zählen zu den bedeutenden Schwertschmieden der Taisho- und Showa-Periode, die

---

[53] Slough, John Scott, An Oshigata Book of Modern Japanese Swordsmiths 1868 – 1945, Rivanna River Company, 2001
[54] Tokuno, Kazuo, TOKO TAIKAN, YOS1067, 2004

für Japans „letzte Samurai" auf ihrem Weg in die Materialschlachten des 20. Jahrhunderts Schwerter mit Kunststatus geschaffen haben, die selbst den extremen Belastungen im härtesten Nahkampf gewachsen waren. Damit heben sich ihre Schwerter deutlich von der Masse der in dieser Zeit geschmiedeten Schwerter ab. Angesichts der Tatsache, dass die zwei Generationen Minamoto Yoshichika verhältnismäßig wenig Schwerter geschmiedet haben und Klingen des Nidai ohnehin selten sind, ist es verständlich, dass Schwerter mit der Signatur *„Minamoto Yoshichika"*, ganz gleich ob Shodai oder Nidai, mittlerweile von Sammlern intensiv gesucht und äußerst begehrt sind. „Last but not least" sind auch Schwerter, bei denen wir einen Schneidetest auf der Angel finden, eher selten und generell etwas Besonderes. Dies gilt für antike Schwerter und erst recht für Gendaito.

Minamoto Yoshichika, Shodai und Nidai
Bildteil

Während die Gendaito der Taisho- und frühen Showa-Periode von konservativen Sammlern lange nicht beachtet wurden, führten intensive Recherchen zur Geschichte dieser Schwerter zu einem Umdenken und die Arbeiten bedeutender Schmiede der Taisho- und frühen Showa-Periode wurden zu gesuchten Sammelobjekten. Dabei richtete sich das Augenmerk naturgemäß vorrangig auf die Klingen. Den Montierungen schenkte man anfangs weit weniger Beachtung. Schlimmer noch: Während die Klingen häufig kostspielig neu poliert und in neu gefertigten Shirasaya bewahrt wurden, wurden die originalen Montierungen nicht selten als wertloses Beiwerk entsorgt.

Wir wissen heute, dass gute Gunto- oder Kai-Gunto-Montierungen handwerklich aufwändig gefertigt wurden und einen eigenen monetären Wert darstellen.[55] Was diese Montierungen aber darüber hinaus besonders und damit absolut bewahrenswert macht, ist ihre kulturhistorische Bedeutsamkeit. Erst mit der dazugehörigen Militärmontierung offenbart ein Schwert seine originäre Bestimmung. Die Montierung verrät uns weiter, wo der einstige Träger innerhalb der Streitkräfte diente, lässt Rückschlüsse auf seinen militärischen Rang, zuweilen auch auf seine Herkunft zu, spornt uns zu weiteren Recherchen an und lässt so Zeitgeschichte lebendig werden. Die folgenden Schwerter befinden sich sämtlich in ihren originalen Montierungen.

---

[55] http://www.jp-sword.com/files/gunto/gunto-sale.html

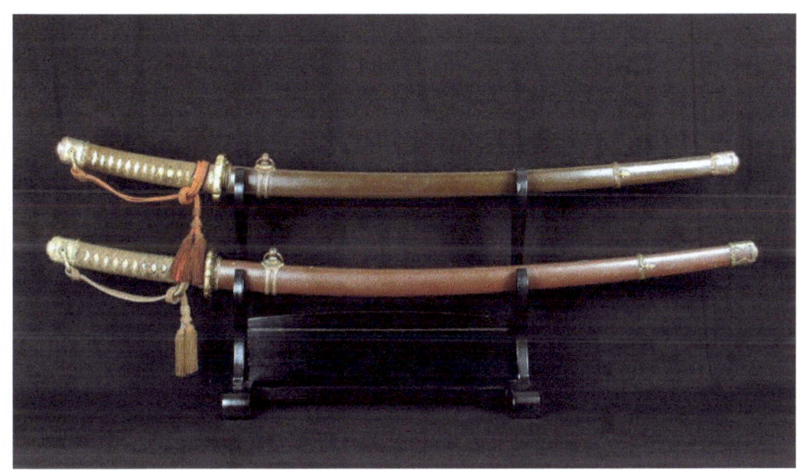

Minamoto Yoshichika, Shodai und Nidai. Der Shodai in Gunto-Montierung Typ 94 Shin-Gunto, eingeführt 1934, darunter der Nidai in Gunto-Montierung Typ 98 Shin-Gunto, eingeführt 1938.

Zwei Schwerter des Nidai Minamoto Yoshichika; oben in Gunto Montierung Typ 98 Shin-Gunto, darunter in Gunto Montierung Typ Navy Tachi Gunto, eingeführt 1937.

Tsuka der Gunto-Montierungen Typ 94 und 98 Shin-Gunto. Deutlich zu erkennen die unterschiedliche Materialstärke der Tsuba. In beiden Fällen handelt es sich noch um detailliert gearbeitete Sukashi-Tsuba (durchbrochene Tsuba). Die Montierung Typ 94 Shin-Gunto entsprach der klassischen Tachi-Montierung und besaß zwei Trageringe, wobei der vordere Tragering fest montiert war. Der hintere Tragering war abnehmbar, da das Schwert im Dienst nur am vorderen Ring getragen wurde und ist deshalb häufig nicht mehr vorhanden. Die Montierung Typ 98 Shin-Gunto wurde aufgrund der Trageweise von Anfang an mit nur einem Tragering ausgestattet.

Shodai Minamoto Yoshichika
mit Schneidetest von Hakudo Nakayama

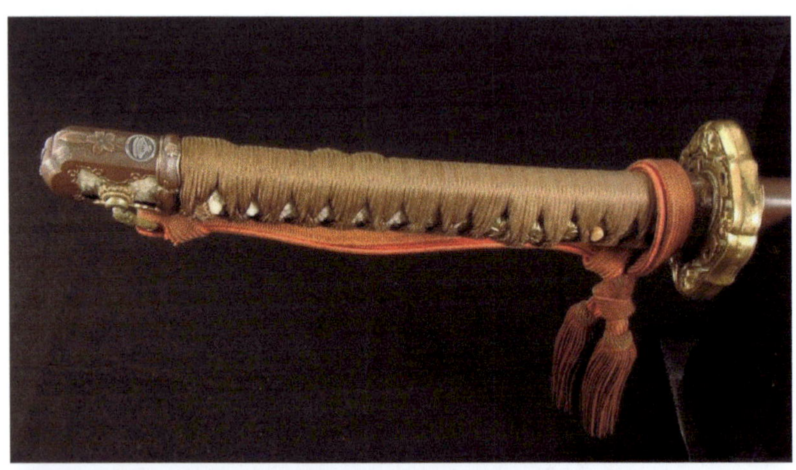

Die schwere, vergoldete Tsuba Typ 94 Shin-Gunto und das Kabuto-gane in Nanako-Technik mit Kirschblüten-Dekor sprechen für die Qualität der Montierung. Auf dem Kabuto-gane das silberne Familienwappen des Schwertträgers in Form eines Kommandofächers. Ein Indiz, dass der Offizier in direkter Linie aus einer Samuraifamilie stammte.

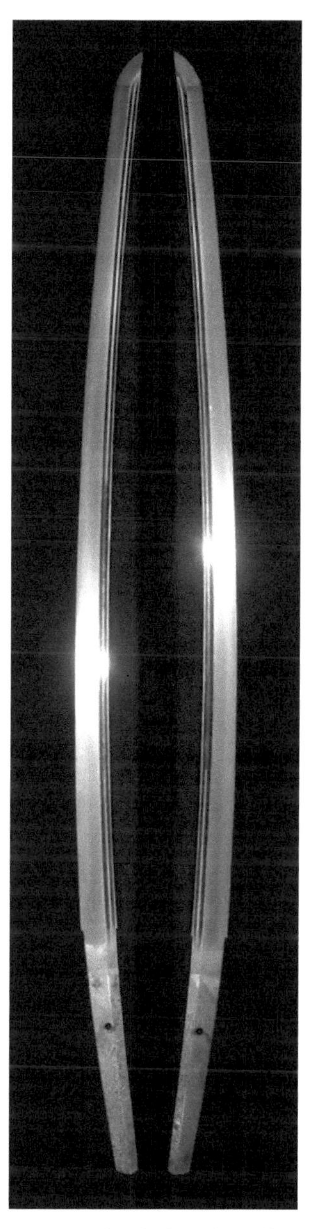

Ein Shodai Minamoto Yoshichika für die Kaiserliche Garde.
Ein seltenes Schwert mit Schneidetest von Hakudo Nakayama.

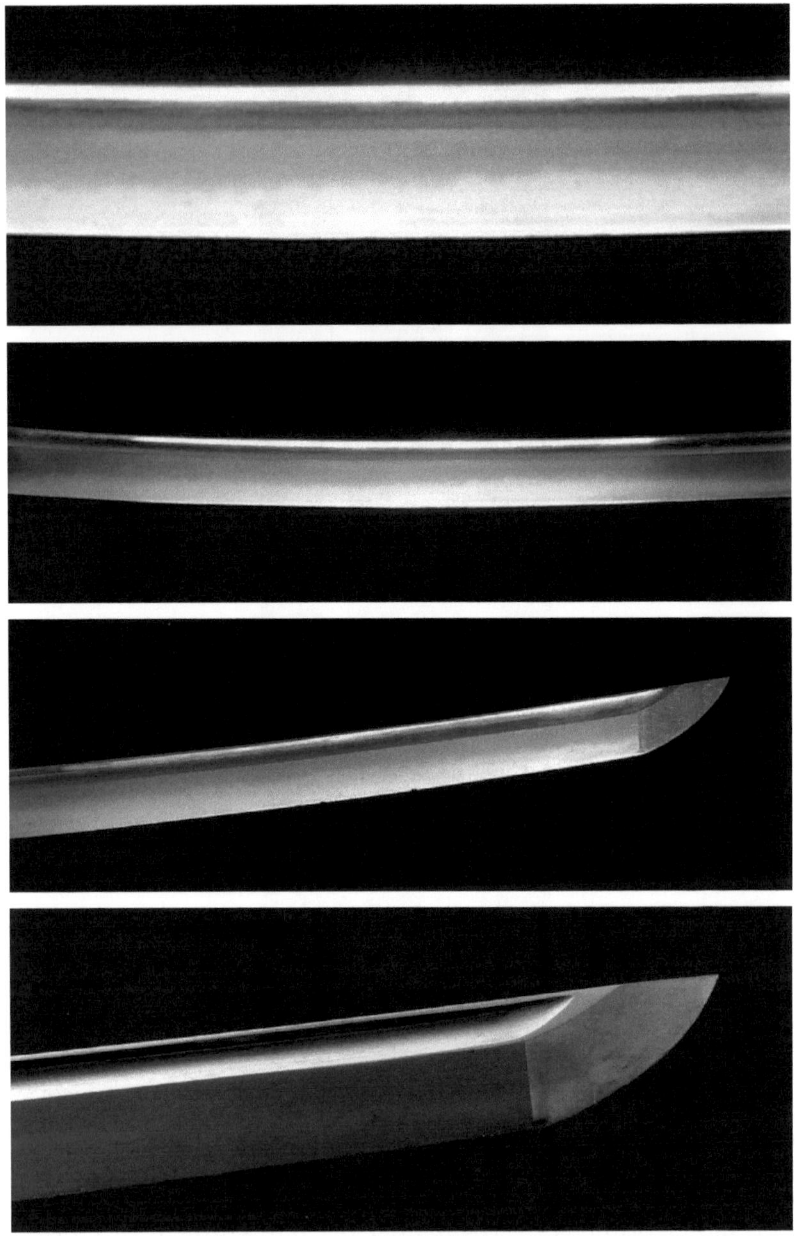

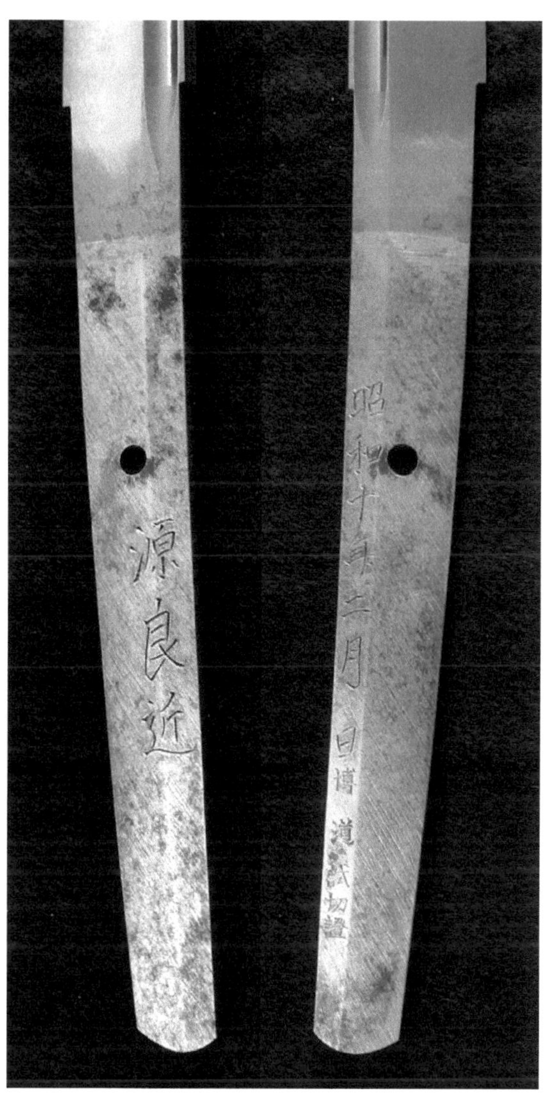

Die Angel (nakago) Katana-mei mit kaligraphisch schöner Signatur „Minamoto Yoshichika", datiert „Showa Ju Nen Ni-Gatsu-Hi" („Ein Tag im Februar 1936"); darunter der Schneidetest von Hakudo Nakayama.

Eine Arbeit des Shodai Minamoto Yoshichika mit Schneidetest von Hakudo Nakayama. Die Klinge shinogi tsukuri mit iorimune, ko-kissaki und perfekt geschnittenen bo-hi. Hada sehr dichtes ko-mokume, hamon midareba mit notare, gunome midare und kochoji, boshi midare komi. Nagasa 669 mm, sori 13 mm, motohaba 30,0 mm, sakihaba 20,0 mm, motokasane 6,5 mm, sakikasane 4 mm, nakago 188 mm. Die Form der Klinge erinnert durch die stilvolle Verjüngung von Klingenbreite (haba) und Klingenstärke (kasane) Richtung Klingenspitze (kissaki) an die Tachi der frühen bis mittleren Kamakura-Periode.

Die Klinge noch mit Fehlschärfe (ubu-ha) und in erster Original-Politur, diese leicht grau oder „wolkig". Dennoch offenbart die Klinge die besondere Qualität und die Schönheit, die man von einer Arbeit des Minamoto Yoshichika erwarten darf. Im Bereich des Monouchi befinden sich in der Schneide zwei winzige Scharten, die im Zuge einer neuen Politur problemlos auspoliert werden könnten. Obwohl das Schwert absolut polierenswert ist, wurde auf eine neue Politur verzichtet, um die Klinge in ihrer Authentizität zu bewahren.

Die sorgfältig gearbeitete Angel mit kurijiri, kaku-mune und schön angelegten kesho yasurime. Katana-mei mit kaligraphisch sehr schön ausgeführter Signatur „Minamoto Yoshichika". Ura datiert „Showa Ju Nen Ni-Gatsu-Hi" („Showa zehntes Jahr (1936) ein Tag im Februar") mit Schneidest von Hakudo Nakayama „Hakudo Tameshigiri Sho" („Schneidetest durch Hakudo"). Eine der wenigen noch bekannten Klingen, die von Minamoto Yoshichika für die Kaiserliche Garde geschmiedet und von Hakudo Nakayama getestet wurde. Das vorliegende Schwert ist auch darüber hinaus selten und besonders, weil es auch datiert ist. Klingen von Yoshichika haben oft keine Datierung auf der Angel.

Koshirae Typ 94 Shin-Gunto[56], offizielle Bezeichnung „Neues Armee-Offiziersschwert 1934" („Army commissioned officers Shin-Gunto 1934"). Außen-Saya Stahlblech in brauner Lackierung*. Lackierung der Saya und aller Beschlagteile in guter bis sehr guter Erhaltung. Frühe, 10 mm starke und 172 g schwere Sukashi-Tsuba mit ca. 80% originaler Vergoldung. Ohmura Tomoyuki merkt auf seiner empfehlenswerten Homepage „Ohmura´s Gunto Site" hierzu an: "Sukashi tsuba (early version, General's) Brass cast. Bigger and flamboyant".[57] Kabuto-gane mit silbernem Familienwappen (mon)** mit der Darstellung eines Kommando-Fächers. Tsuba und sämtliche Beschlagteile einschließlich der Seppa wohl mit einer Reißnadel von Hand mit den gleichen Kanji signiert. Tsuka mit exzellenter Same, Tsuka-ito Seide, Griffwicklung Morohineri-maki-Stil. Vergoldetes Kupfer-Habaki. Insgesamt sehr gute Qualität der Koshirae. Rot-braunes Portepee*** später ergänzt.

*Die Saya des Typs 94 Shin-Gunto bestand aus der äußeren Scheide aus Stahlblech und einer hölzernen Innen-Saya aus Magnolienholz, in der die Klinge lief. Die Lackierung war Braun.[58]

**Offizieren war es gestattet, ein Familienwappen (mon) auf dem Schwertgriff (tsuka) anzubringen. Die Anbringung erfolgte überwiegend auf dem Kabuto-gane oder einem Menuki und war ein Indiz, dass der Offizier in direkter Linie aus einer Samuraifamilie stammte.

***Blau-braune Portepees mit blau-brauner Quaste wurden vom Leutnant bis zum Hauptmann getragen („company grade"), rot-braune Portepees mit rot-brauner Quaste vom Major bis zum Oberst („field grade") und rot-braune, im Zick-Zack golddurchwirkte Portepees mit goldener Quaste von Generälen

---

[56] http://ohmura-study.net/931.html
[57] http://www.jp-sword.com/files/gunto/parts.html
[58] http://ohmura-study.net/909.html

(„generals grade"). Marine-Offiziere trugen einheitlich braune Portepees.[59]

Der Schneidetest durch Hakudo Nakayama und das Familienwappen auf dem Kabuto-gane belegen, dass der Träger des Schwerts in direkter Linie aus einer Samuraifamilie stammte und als Offizier in der Kaiserlichen Garde diente.[60] Die Tatsache, dass Minamoto Yoshichika, Kaiserlicher Schwertschmied und einziger Schwertschmied der Taisho-Periode, der Erwähnung in Fujishiros „Nihon Toko Jiten, Shinto-hen" gefunden hat, diese Klinge geschaffen hat und Hakudo Nakayma, Budo-Großmeister, Meijin und berühmtester Schwertkampfmeister seiner Zeit diese Klinge gleichfalls in seinen Händen hielt, um sie siebenmal einem Schneidetest zu unterziehen, bevor er sie für die Kaiserliche Garde abnahm, macht dieses Schwert nicht nur kulturhistorisch bedeutsam; bei vertiefender Beschäftigung offenbart die Klinge dem Betrachter Genie und Brillanz zweier Männer, die zu den bedeutendsten Schwertgrößen ihrer Zeit gehörten.

---

[59] http://www.jp-sword.com/files/gunto/tassel.html
[60] Fuller, Richard and Gregory, Ron, Military Swords of Japan 1868 – 1945, Arms and Armour Press, London - New York - Sydney, 1986

Nidai Minamoto Yoshichika
in Gunto Koshirae

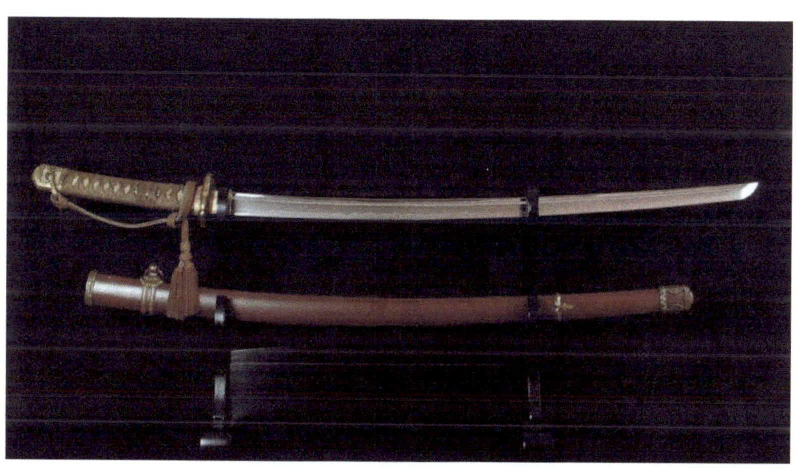

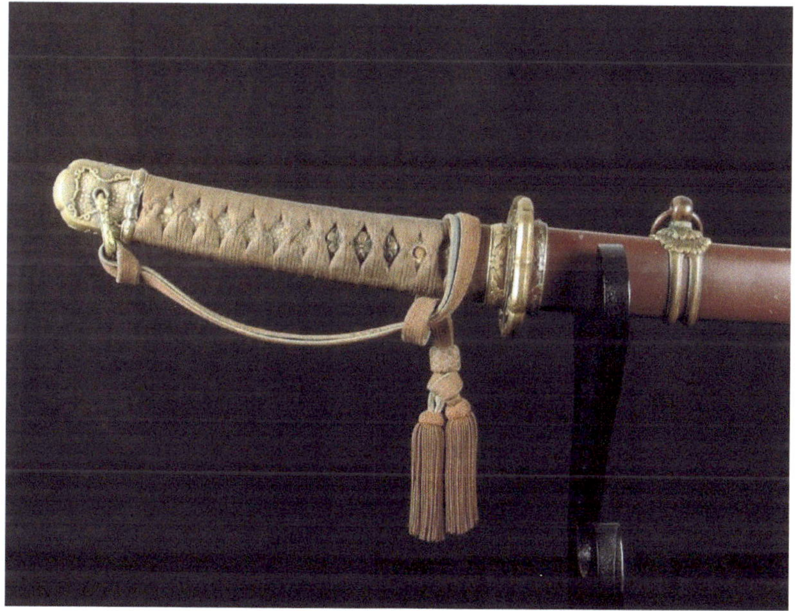

Die getragene Montierung in insgesamt guter Erhaltung.

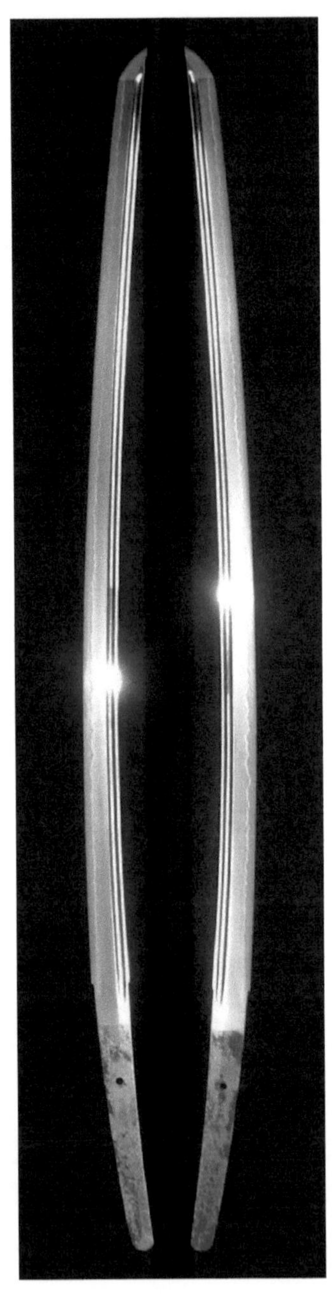

70

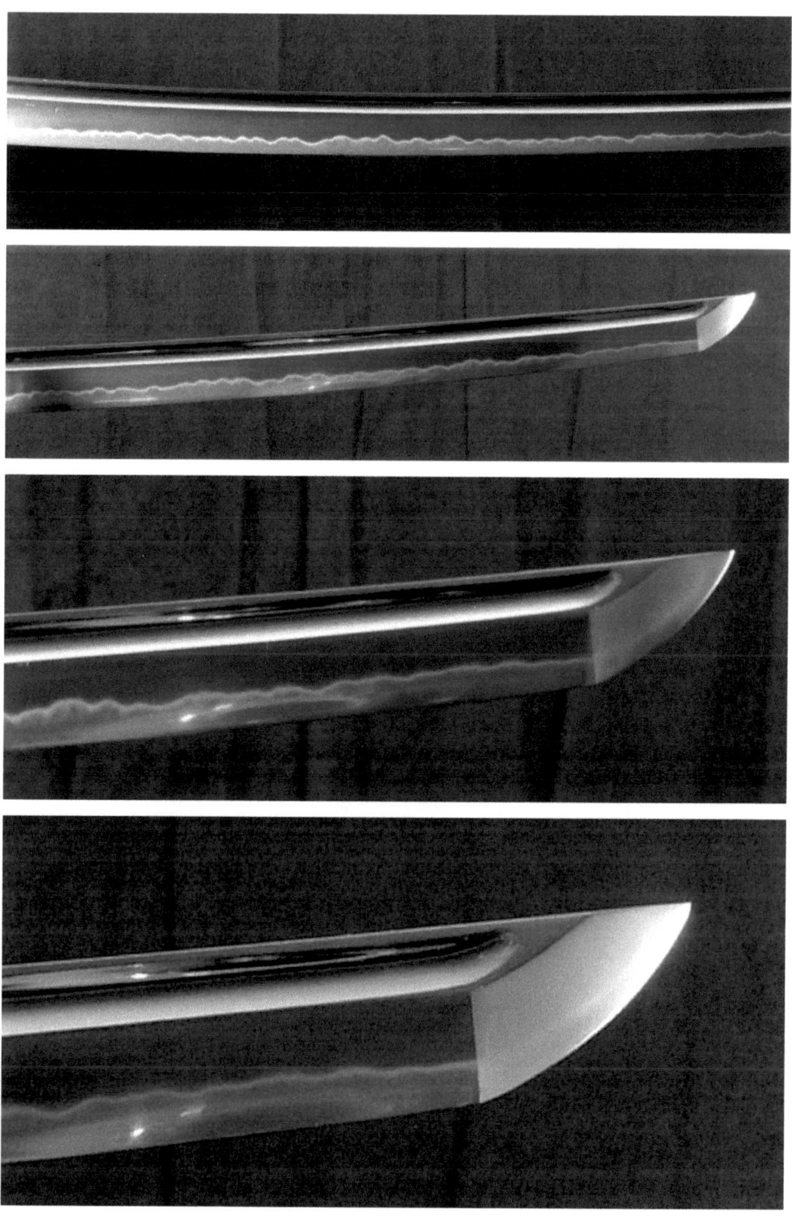

Dunkle Schatten nahe der Schneide sind Spiegelungen auf der absolut fehlerfreien und makellosen Klinge.

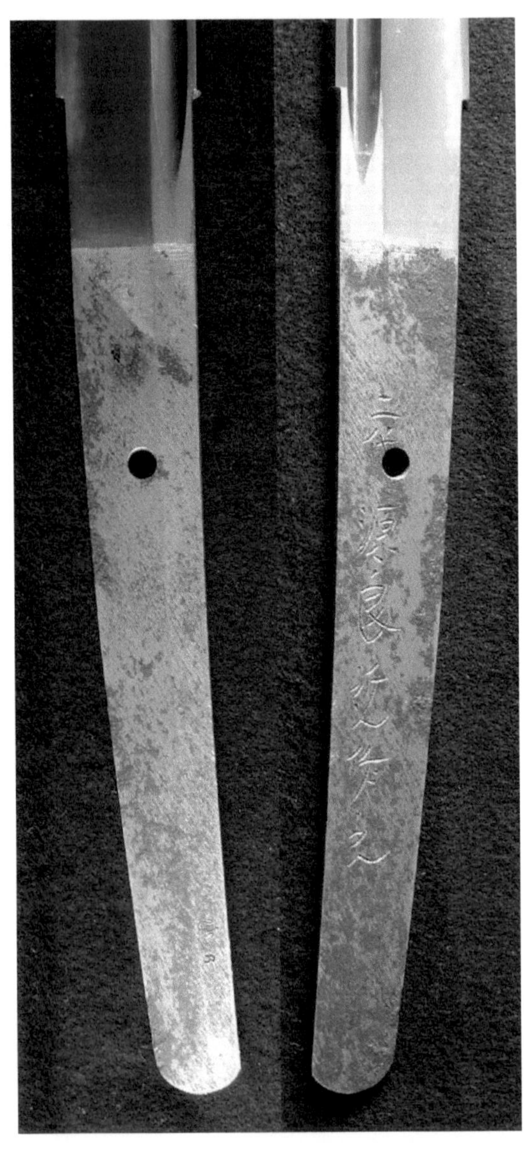

Nakago signiert Tachi-mei „Nidai Minamoto Yoshichika saku kore". Auf der Ura ein winziges Logo der „Suya Sho Ten" und eine kleine arabische „6".

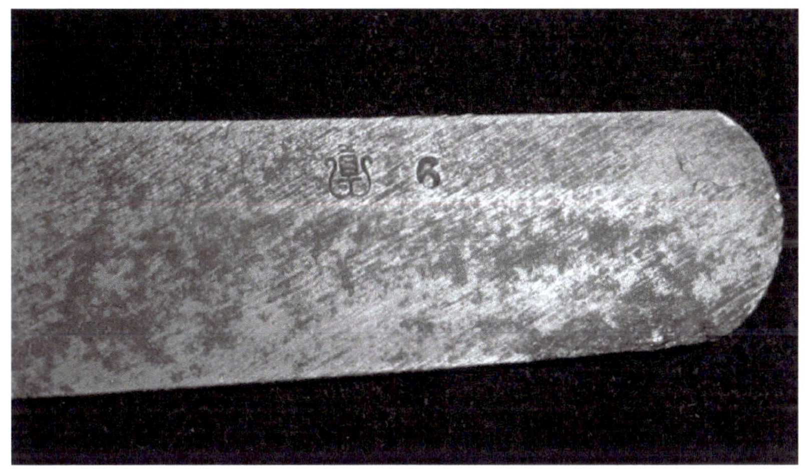

Das Logo der „Suya Sho Ten und die arabische „6".

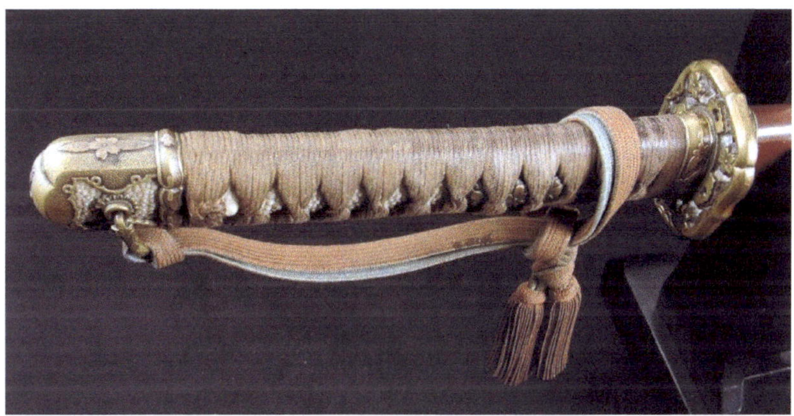

Der Griff (tsuka) der Montierung Typ 98 Shin-Gunto mit schöner durchbrochener Tsuba. Kabuto-gane in Nanako-Technik und Kirschblütendekor. Die Montierung wurde von der „Suya Sho Ten" gefertigt, die traditionell für den kaiserlichen Hof, hochrangige Offiziere und Diplomaten arbeitete.

Eine künstlerisch herausragende Arbeit des Nidai Minamoto Yoshichika in neuer Politur. Die Klinge shinogi tsukuri mit iori-mune, ko-kissaki und perfekt geschnittenen bo-hi überzeugt durch ihre elegante Form und die sehr gute Qualität von hada und hamon. Hada sehr dichtes masame, hamon sugu komidare mit gunome und kochoji in nioi deki mit unzähligen ashi und yo, boshi suguha komaru kaeri. Die Klinge zeigt utsuri und beweist damit einmal mehr die besondere Meisterschaft des Nidai.

Die sorgfältig gearbeitete Angel mit kurijiri, kaku-mune und schön angelegten kesho yasurime, signiert tachi-mei mit „Nidai Minamoto Yoshichika saku kore" („Nidai Minamoto Yoshichika machte dies"). Auf der ura ein winziges Logo der „Suya Sho Ten" und eine kleine arabische „6". Nagasa 675 mm, sori 13 mm, motohaba 29,5 mm, sakihaba 20,0 mm, motokasane 6,2 mm, sakikasane 5 mm, nakago 195 mm.

Koshirae Typ 98 Shin-Gunto, offizielle Bezeichnung „Neues Armee-Offiziersschwert 1938" („Army commissioned officers Shin-Gunto 1938")[61]. Saya in brauner Lackierung* und aus Aluminiumblech, detaillierte Sukashi-tsuba. Tsuba und sämtliche Beschlagteile einschließlich aller Seppa wohl mit einer Reißnadel von Hand mit den gleichen Kanji signiert. Tsuka mit exzellenter Same, Tsuka-ito Seide, Griffwicklung Morohineri-maki-Stil. Armeetypisch vergoldetes Kupfer-Habaki. Insgesamt sehr gute Qualität der Koshirae in guter Erhaltung. Blaubraunes Portepee (tosho)** später ergänzt.

*Die Saya des Typs 98 Shin-Gunto bestand aus einer äußeren Scheide aus Stahl- oder Aluminiumblech und einer hölzernen Innen-Saya, in der die Klinge lief. Die Standard-Lackierung

---

[61] http://ohmura-study.net/934.html

war ein Grünton. Bei im Kundenauftrag („custom ordered") gefertigten Montierungen war die Lackierung Braun.[62]

**Blau-braune Portepees mit blau-brauner Quaste wurden vom Leutnant bis zum Hauptmann getragen („company grade"), rot-braune Portepees mit rot-brauner Quaste vom Major bis zum Oberst („field grade") und rot-braune, im Zick-Zack gold-durchwirkte Portepees mit goldener Quaste von Generälen („generals grade"). Marine-Offiziere trugen einheitlich braune Portepees.[63]

1999 hatte der damalige Besitzer den ehrenwerten Herrn *Han Bing Siong* (*21.08.1932, †09.03.2005) um sein geschätztes Urteil zu dem Schwert gebeten. Han Bing Siong, Verfasser der renommierten Dokumentation „Japanese Swords in Dutch Collections"[64], gilt bis heute in Fachkreisen aufgrund seines profunden Wissens als Sachverständiger und unbestrittene Autorität und Kenner der Materie. Seine aussagefähigen Oshigata, die er u.a. auch für den Katalog zum Ersten Europäischen Symposium „Die Kunst der Samurai"[65] fertigte, waren und sind Einsteigern und Fortgeschritten stets eine wertvolle Hilfe beim Studium und der Zuordnung japanischer Klingen.

Den damaligen Besitzer trieb die Sorge um, dass es sich bei dem Stempel auf der Angel um einen Arsenalstempel handeln und damit ein Indiz dafür sein könnte, dass die Klinge nicht traditionell geschmiedet worden sein könnte. In seinem Brief vom 02. September 1999 räumt Han Bing Siong diese Sorge zunächst dadurch aus, dass er dem damaligen Besitzer zu sei-

---

[62] http://ohmura-study.net/909.html

[63] http://www.jp-sword.com/files/gunto/tassel.html

[64] Han, Bing Siong, Japanese Swords in Dutch Collections: A Selection from 500 Descriptions in the Series Japanse Zwaarden in Nederlands Bezit, De Nederlandse Tōken Vereniging, 2003

[65] Han, Bing Siong, Oshigata im Katalog zum Ersten Europäischen Symposium „Die Kunst der Samurai", Deutsches Klingen-Museum, Solingen 1984

nem „Nidai Minamoto Yoshichika in gunto koshirae" gratuliert. Er führt weiter aus, dass der Stempel lange unbekannten Ursprungs gewesen sei und Jim Dawson[66] erst kürzlich herausgefunden habe, dass es sich dabei um das Logo der „Suya Sho Ten" (engl. „suya company") handele. Die Firma wurde in der *Meji-Ära* von einem gewissen Herrn Shimada gegründet und blickte auf eine lange Tradition in der Fertigung von Koshirae zurück. Unter anderem arbeitete der Betrieb für so prominente Auftraggeber wie die Kaiserliche Familie, viele hochrangige Offiziere und Diplomaten und das Marine-Versorgungszentrum *(„Suikosha")*.[67]

Bei Richard Fuller und Ron Gregory, Verfasser des Standard-Werks „Military Swords of Japan"[68] ist das Logo der Suya Sho Ten auf Seite 81 unter „xvii" abgebildet. In der dazugehörigen Anmerkung auf Seite 80 heißt es in der Ausgabe von 1986 noch: „Nicht identifiziert; scheint mit dem Kokura-Arsenal[69] in Verbindung zu stehen".

Han Bing Siong schreibt weiter, dass er selbst eine Klinge (wohl in *Kyu-Gunto-Montierung*, im Brief „sabre") besitzt, die ebenfalls mit diesem Logo gestempelt ist. Weiter führt er aus, dass das vorliegende Schwert das erste traditionell geschmiedete Katana mit solch einem Stempel auf der Angel sei, von dem er gehört habe.

Alles spricht dafür, dass die vorliegende Klinge eine Auftragsarbeit war, die von Nidai Minamoto Yoshichika geschmiedet und von der Suya Sho Ten montiert wurde. Hierfür sprechen die besondere Qualität der Montierung und die Lackierung, die

---

[66] Dawson, Jim, Swords of Imperial Japan, 1868 – 1945,
Stenger-Scott Publishing, 1996
[67] http://www.japaneseswordindex.com/logo/logo.htm
[68] Fuller, Richard and Gregory, Ron, Military Swords of Japan 1868 – 1945,
Arms and Armour Press, London - New York - Sydney, 1986
[69] https://guns.fandom.com/wiki/Kokura_Arsenal

„custom ordered" war; ebenso die Saya aus Aluminiumblech, die der Gewichtsersparnis diente. Mit fortschreitendem Kriegsverlauf ging man aufgrund zunehmender Rohstoffverknappung davon ab, weil Aluminiumblech dringend für den Flugzeugbau benötigt wurde.

Seite 78: Der im Text zitierte Brief von Han Bing Siong an den damaligen Besitzer des Nidai Minamoto Yoshichika. Der Name des Adressaten wurde aus datenschutzrechtlichen Gründen unkenntlich gemacht.

September 2, 1999

Dear Mr   ,

Nice to hear from you. Congratulations on having a Modai Yoshichika in gunto koshirae.

Up until recently the stamp on your sword was of unknown origin, provided it is like this [stamp]. Recently Jim Dawson found out that it is the logo of the Suya Company. It is often seen on the tsuba of shin gunto and also of the 1944-gunto. I have a sabre with the blade also stamped with that logo. Your sword is the first traditional style katana I have heard of with such a stamp on the nakago.

Hoping that this information will be of use to you

Best regards

Nidai Minamoto Yoshichika
in Kai-Gunto Koshirae

Die Tsuba mit stilisierter aufgehender Sonne ist typisch für die Abstraktion und Reduktion auf das Wesentliche, wie wir es aus der japanischen Heraldik kennen.

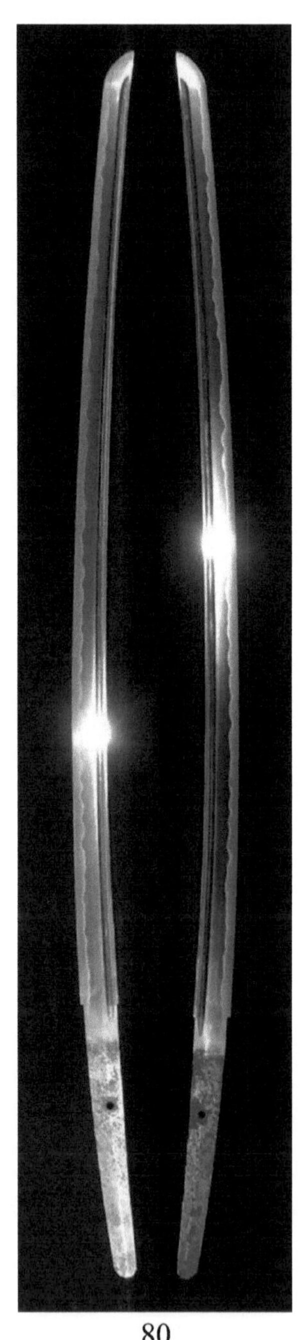

80

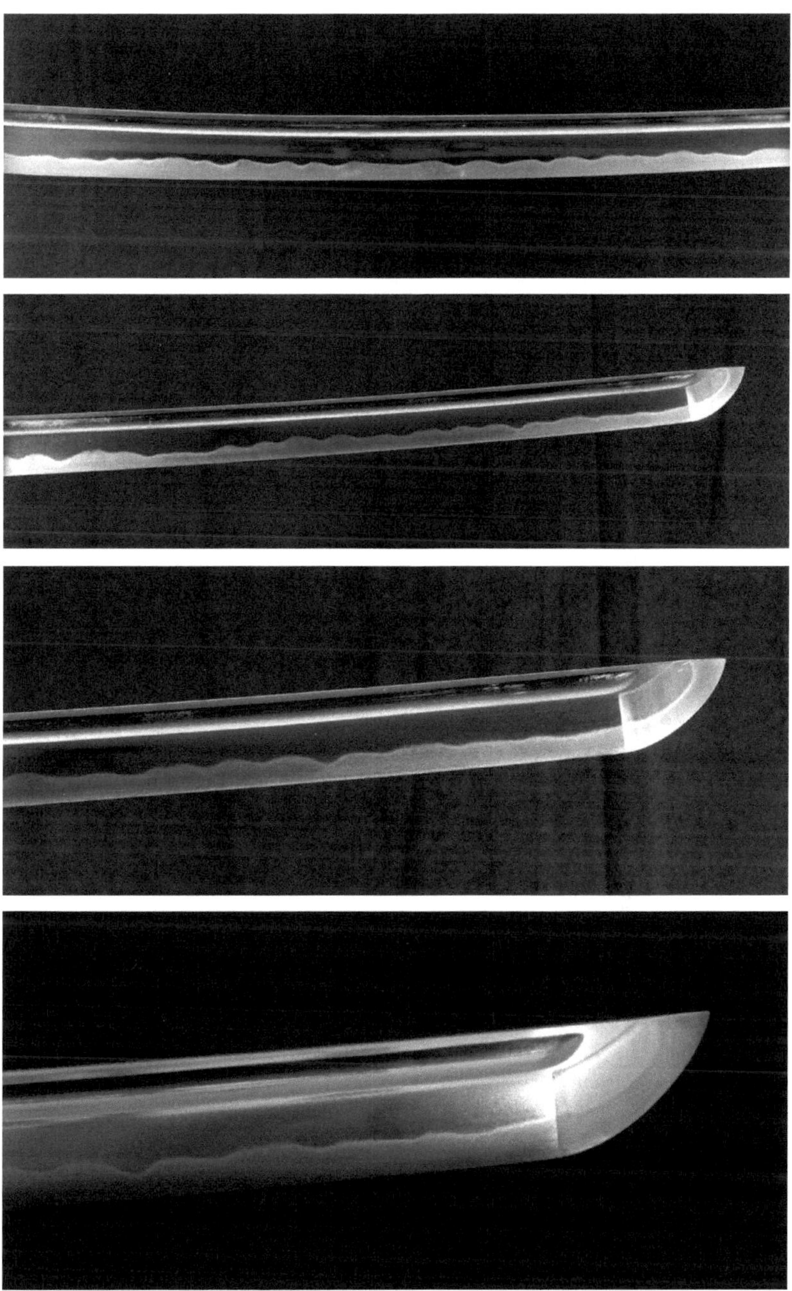

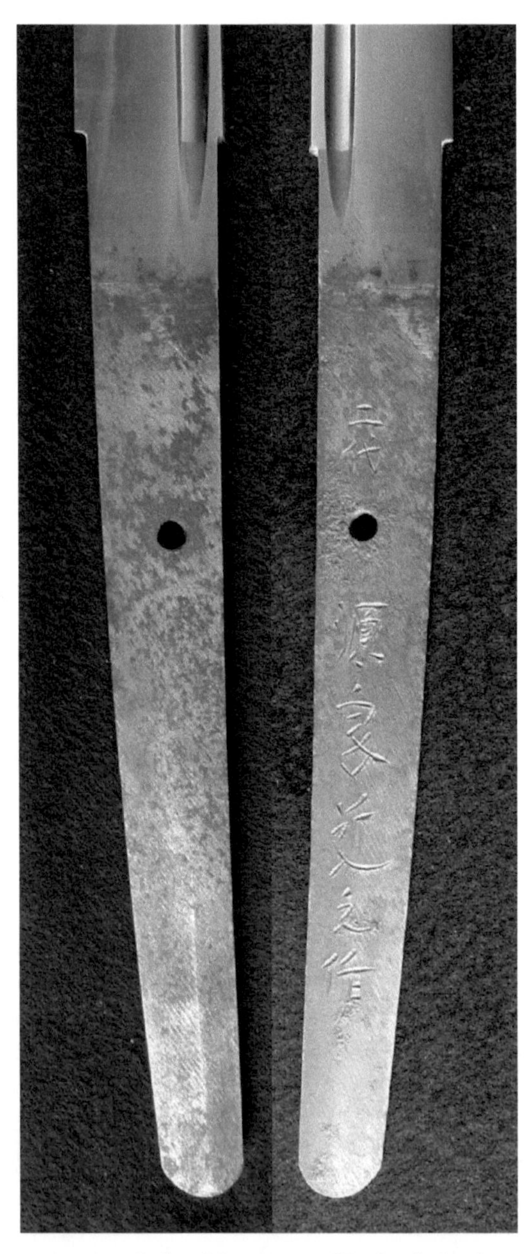

Angel signiert „Nidai Minamoto Yoshichika kore saku“.

82

Griff (tsuka) mit schwarz lackierter Rochenhaut (same) und Griffwicklung im Hiramaki-Stil. Braunes Portepee (tosho) einheitlich für alle Offiziersdienstgrade der Marine.

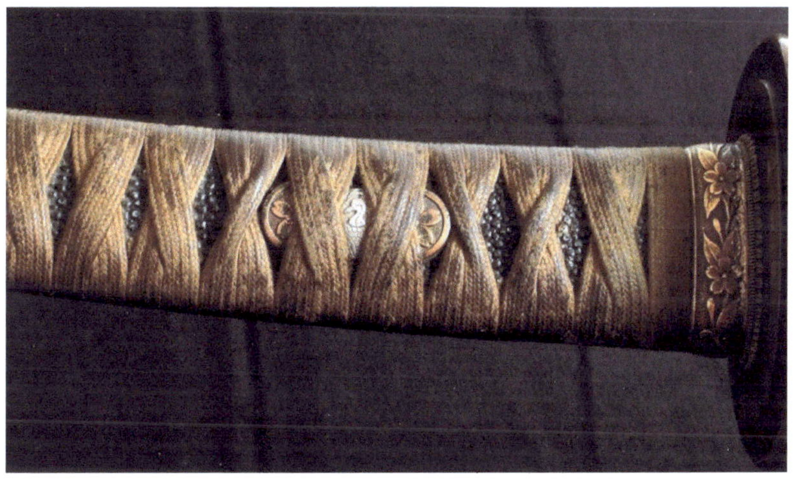

Marine-Menuki mit silbernem Familienwappen (mon) mit der Darstellung eines Kranichs.

Griff (tsuka) in getragener, guter Erhaltung mit schöner Patina.

Die Scheide (saya) aus Magnolienholz mit Belederung aus fein strukturierter Rochenhaut (same).

Eine für Nidai Minamoto Yoshichika typische Arbeit in Marinemontierung. Die Klinge shinogi tsukuri mit iori-mune, ko-kissaki und bohi überzeugt durch ihre elegante Form und die Qualität von hada und hamon. Hada extrem dichtes ko-itame, fast schon muji hada. Hamon notare gunome mit kochoji in nioi deki, ähnlich aktiv mit vielen ashi und yo wie bei der zuvor beschriebenen Arbeit des Nidai in Shin-Gunto-Koshirae. Boshi o-maru.

Die ästhetisch ausgeführte Angel mit kurijiri, kaku-mune und sorgfältig angelegten kesho yasurime, signiert tachi-mei mit „Nidai Minamoto Yoshichika kore saku" („Nidai Minamoto Yoshichika hat dies gemacht"). Nagasa 679 mm, sori 13 mm, motohaba 28,5 mm, sakihaba 20,0 mm, motokasane 6,5 mm, sakikasane 5 mm, nakago 195 mm.

Koshirae Typ „Neues Marine-Offiziersschwert 1937" („Navy Commissioned Officers Shin-Gunto 1937"), gebräuchliche Bezeichnung „Navy Type Tachi Gunto"[70]. Saya aus Magnolienholz mit Belederung aus Rochenhaut (same). Schöne, schwere Shakudo-plattierte Marine-Tsuba mit stilisierter aufgehendender Sonne auf den O-seppa. Sämtliche Beschlagteile detailliert gearbeitet und von guter Qualität. Tsuka mit schwarz lackierter same, Tsuka-ito Seide, Griffwicklung im Hiramaki-Stil. Menuki auf der Omote mit silbernem Familienwappen (mon) mit der Darstellung eines Kranichs. Marinetypisch versilbertes Kupfer-Habaki. Originales braunes Marine-Portepee (tosho). Insgesamt schöne Kai-Gunto-Koshirae in guter Erhaltung.

*Einem Offizier war es gestattet, ein Familienwappen (mon) auf dem Schwertgriff (tsuka) anzubringen. Die Anbringung erfolgte überwiegend auf dem Kabuto-gane oder einem Menu-

---

[70] http://ohmura-study.net/945.html

ki. Die Montierung und das Familienwappen belegen, dass der Schwertträger als Offizier in der Kaiserlichen Marine diente und in direkter Linie aus einer Samuraifamilie stammte.[71]

[71] Fuller, Richard and Gregory, Ron, Military Swords of Japan 1868 – 1945, Arms and Armour Press, London - New York - Sydney, 1986

靖國神社
Der Yasukuni-Schrein

„Auf dem Gelände des *Yasukuni-Schreins* bei Kudan in Tokio liegt zwischen einem Sumo-Ring und einem Teich mit einer Fontäne ein neues, würdevolles Gebäude, das an eine alte Samurai-Residenz erinnert. Dieses Gebäude ist die Schwertschmiede-Fabrik (oder Werkstatt) des *Nihonto Tanren Kai* (Japanisches Schwertschmiedezentrum). Wenn man sich dem Teich nähert, liegt ein subtiler Rhythmus in der Luft – der Klang schmiedender Schwertschmiede." So beginnt *Kurata Shichiro*, Manager der Stiftung *Nihonto Tanren Kai*, seinen Artikel über das Schmiedezentrum am *Yasukuni-Schrein*, der 1933 in der Oktoberausgabe des *Token Kai Magazin* erschien.[72] Die Hauptaufgabe der Stiftung, die im Juli 1933 durch den japanischen Kriegsminister *Araki Sadao* mit Hilfe einer Gruppe ausgewählter Schwertschmiede ins Leben gerufen wurde, liegt in der Versorgung der Offiziere der Kaiserlichen Armee mit hochwertigen Samuraischwertern. Kapazitätsreserven werden dazu genutzt, Auftragsarbeiten für die Regierung, Schreine, Tempel, offizielle Organisationen oder besondere Persönlichkeiten auszuführen. „Weiter fördert das Schmiedezentrum den Lebensunterhalt der Schwertschmiede und ermutigt sie zur Weiterentwicklung ihrer Fähigkeiten, während gleichzeitig im Herzen der Nation die Liebe zum Japanischen Schwert kultiviert und der Kampfgeist gefördert wird." Soweit *Kurata Shichiro* in seinem Artikel.

Der *Yasukuni-Schrein* ist ein *Shinto-Schrein*, an dem der Seelen aller gefallenen Soldaten gedacht wird, die seit der *Meiji-Restauration* auf der Seite der kaiserlichen Armee ihr Leben

---

[72] Tom Kishida, The Yasukuni Swords, Rare Weapons of Japan 1933 – 1945, Kodansha Europe Ltd., 1. Auflage 2004, S. 50

ließen; untergeordnet aber auch der Kriegstoten aller Nationen einschließlich der Kriegsgegner. Der Schrein war 1869 ursprünglich unter dem Namen *Tokyo Shokonsha (Tokioter Schrein zum Herbeirufen der Totengeister)* zum Gedenken an alle Kriegsgefallenen und Heldenseelen errichtet worden.

Japanische Marinesoldaten bei einem Besuch des Yasukuni-Schreins. Im Vordergrund links im Bild nimmt ein Offizier mit präsentiertem Samuraischwert die Meldung entgegen.

1879 erhebt ihn *Kaiser Meiji* zum *Bekkaku Kanpeisha (Reichsschrein der Sonderklasse)* und gibt ihm den Namen *Yasukuni* (jap. *Yasukuni-jinja, „Schrein des friedlichen Landes"*). Der Schrein wird jedes Jahr von Hinterbliebenen der Gefallenen und Veteranenverbänden, aber auch von nationalistischen Vereinigungen besucht. Offizielle Besuche von Politikern am Schrein erzürnen immer wieder Japans Nachbarn und führen prompt zu offiziellen Protesten. Für die Chinesen und Koreaner ist der *Yasukuni-Schrein* eine Gedenkstätte zur Verherrlichung der dunkelsten Kapitel japanischer Geschichte. Besonders scharf wird kritisiert, dass auch die bei den Kriegsverbrecherprozessen von Tokio zum Tode verurteilten Offiziere sowie Angehörige der berüchtigten Einheit 731, die in der besetzten Mandschurei Experimente mit biologischen Waffen an Kriegsgefangenen und chinesischen Zivilisten durchführte, in die Liste der *Kami* aufgenommen wurden.

Bevor sie in den Krieg ziehen, besuchen Soldaten der Kaiserlich Japanischen Armee den Yasukuni-Schrein.

Rechtsgerichtete Kreise wehren sich gegen diese Kritik, indem sie darauf hinweisen, dass es sich hier nicht um ein Kriegerdenkmal im Sinne nationalistischer Propaganda handelt, sondern um einen Schrein, in dem die wütenden Seelen Verstorbener besänftigt werden sollen, damit sie keinen Unfrieden im Land stiften. Diese Meinung wird auch durch die internationale

Forschung zur japanischen Kulturgeschichte gestützt.[73] Linke Kritiker fordern dagegen angesichts der japanischen Kriegsverbrechen die Abkehr von jeder Form des Militarismus und einen kritischen Umgang mit der eigenen Geschichte.

Die internationale Kritik richtet sich vor allem gegen Besuche des Schreins durch hochrangige Politiker. In Japan versucht man die Situation durch die feinsinnige Unterscheidung zwischen privaten Besuchen (die Väter dieser Politiker werden als Kriegsgefallene im Schrein verehrt) und Besuchen in offizieller Funktion zu entschärfen. Die Außenwirkung bleibt jedoch die gleiche, sodass es immer wieder zu Protestreaktionen aus Korea und China kommt.[74] So kommt dem *Yasukuni-Schrein* nicht nur eine religiöse und besondere kulturelle, sondern bis in unsere Tage auch eine brisante politische Bedeutung zu. Doch zurück zur Geschichte des *Nihonto Tanren Kai* und seiner Schmiede.

Die Schwertschmiede, die am Schrein arbeiteten, wurden *„Yasukuni-tosho"* genannt und erhielten bei ihrer Ernennung zum Schrein-Schmied einen Namen, dem jeweils die ersten zwei Silben des Schrein-Namens vorangestellt wurden: *Yasutoku, Yasumitsu, Yasutake, Yasunori, Yasutoshi, Yasuoki, Yasunobu, Yasushige, Yasuyoshi, Yasuaki, Yasumune, Yasukuni* und *Yasuhiro*. Shimazaki Yasuoki war einer dieser 13 *Yasukuni-tosho*, die von 1933 bis 1945 im *Nihonto Tanren Kai* auf dem heiligen Boden des *Yasukuni-Schreins* in Tokio wirkten. 1916 in der Kyochi-Präfektur geboren, trat Yasuoki 1935 zunächst als Holzkohle-Zerkleinerer (*sumikiri*) in das Schmiedezentrum ein und avancierte noch im selben Jahr zu Yasutokus Gesellen (*sakite*). 1940 wurden ihm der Titel eines *Yasukuni-tosho* und der Name *„Yasuoki"* verliehen. Bis 1945 schmiedete er rund 750 Klingen am Schrein. Nach einem erfüllten Leben

---

[73] http://de.wikipedia.org/wiki/Yasukuni-Schrein
[74] http://de.wikipedia.org/wiki/Yasukuni-Schrein

als Schwertschmied verstarb Yasuoki 1986 im Alter von 70 Jahren. In *Tom Kishidas* empfehlenswerten Buch über den Schrein und seine Schwertschmiede *„The Yasukuni Swords, Rare Weapons of Japan 1933 – 1945"* finden wir beeindruckende Fotos, die Yasuoki noch im Alter von über 65 Jahren konzentriert bei der Arbeit zeigen.[75] Doch bevor hier eine seiner besonderen Arbeiten besprochen werden soll, sollten zunächst die gewaltigen Anstrengungen Erwähnung finden, die seitens der Stiftung unternommen wurden, um das Schmiedezentrum am *Yasukuni-Schrein* zu betreiben.

Um die große Menge an Schwertern, die die Kaiserliche Armee für ihre Offiziere benötigte, produzieren zu können, musste zunächst die Versorgung mit Rohmaterial sichergestellt werden. Dazu startete der Manager *Kurata Shichiro* im Februar 1933 eine Erhebung über noch existierende *Tatara-Produktionsstätten* und den Bestand noch vorhandenen *„Juwelenstahls"*. Sein Bericht vom 11. März 1933 liest sich erschütternd:

„Hochwertiges *tamahagane* ist ausverkauft, es gibt nur noch Lagerbestände unterhalb der 4. Qualitätsstufe."[76] Hierzu ist anzumerken, dass es als Ergebnis bei der Stahlgewinnung im *Tatara-Rennofen* unterschiedliche Qualitäten des Rohstahls Tamahagane gibt, die hier kurz aufgeführt werden: *tsuru* (*„crane"*) = Special Grade, *matsu* (*„pine"*) = First Grade, *take* (*„bamboo"*) = Second Grade, *ume* (*„plum"*) *A* = Third Grade, *ume* (*„plum"*) *B* = Fourth Grade, Off Grade, Others.[77]

Ursächlich für diese unterschiedlichen Qualitäten ist der archaische Verhüttungsprozess, den auch *Edward Hunter* vom *„De-*

---

[75] Tom Kishida, The Yasukuni Swords, Rare Weapons of Japan 1933 – 1945, Kodansha Europe Ltd., 1. Auflage 2004, S. 28 und 29

[76] Tom Kishida, The Yasukuni Swords, Rare Weapons of Japan 1933 – 1945, Kodansha Europe Ltd., 1. Auflage 2004, S. 84

[77] Tom Kishida, The Yasukuni Swords, Rare Weapons of Japan 1933 – 1945, Kodansha Europe Ltd., 1. Auflage 2004, S. 90, 92

partment of Arms and Armor, The Metropolitan Museum of Art", in seinem Artikel *„ The Japanese Blade, Technology and Manufacture"* als Mangel anspricht: "Allerdings ist der Schmelzvorgang im *Tatara-Rennofen* …nicht perfekt und *tamahagane* ist voll von Unreinheiten und weist auch keine gleichmäßige Verteilung der Kohlenstoffanteile auf…"[78] Zurecht resümiert *Kurata Shichiro* deshalb in seinem Bericht: „Es darf bezweifelt werden, dass *tamahagane* der 4. Qualitätsstufe dazu taugt, gute Schwerter zu schmieden."

Brauchbares Tamahagane zur Herstellung hochwertiger Klingen gibt es also nicht mehr. Genauso entmutigend fällt *Shichiros* Recherche zu noch existierenden Produktionsstätten aus: „Seit altershehr sind zwei Betriebsarten für einen *tatara* bekannt. Die eine wird „*no-datara*" oder *„Feld-Tatara"* genannt, die bedarfsabhängig an verschiedenen Orten betrieben wurde, aber es ist schwierig, heutzutage eine (Betriebsstätte) zu finden, die noch existiert." Die andere Betriebsart wird als *„semipermanent"* bezeichnet und noch bekannte Produktionsstätten werden tabellarisch aufgeführt. Von diesen insgesamt nur acht ehemaligen *Tatara-Fabriken* tragen vier den Vermerk: „Nicht mehr vorhanden", die übrigen vier: „Fabrikgebäude und Unterkünfte für Arbeiter noch vorhanden."[79] Die Bestandsaufnahme schließt mit den Worten: „Sämtliche *Tatara-Fabriken* sollen Ende 1925 geschlossen worden sein."

Shichiro beklagt weiter, dass es keine technischen Unterlagen darüber gibt, wie man einen *Tatara-Rennofen* richtig betreibt. „Technisches Wissen wurde nur mündlich von den *murage*, Männern, die für den Betrieb der *tatara* verantwortlich waren, von Generation zu Generation weitergegeben. Dieses Wissen wird verloren gehen, wenn die *murage* gestorben sind. Es leben

---

[78] http://www.metmuseum.org/toah/hd/japb/hd_japb.htm
[79] Tom Kishida, The Yasukuni Swords, Rare Weapons of Japan 1933 – 1945, Kodansha Europe Ltd., 1. Auflage 2004, S. 84

nur noch wenige *murage*, die alle über sechzig oder siebzig Jahre alt sind. Es scheint auch so, dass einige von ihnen zu krank sind, um in ihren alten Beruf zurückzukehren."[80]

Noch größere Probleme sieht *Shichiro* darin, Eisensand in den benötigten Mengen zu beschaffen. Über Jahrhunderte wurde Eisensand aus Flüssen (*kawasatetsu*) oder im Gebirge (*yamasatetsu*) aufgrund eines alten Gewohnheitsrechts in vertretbaren Mengen gewonnen. Obwohl er bei einem großangelegten (industriellen) Abbau von Eisensand erhebliche Risiken zum Nachteil der ökologischen Systeme und der Anwohner der betroffenen Regionen erkennt, plädiert *Shichiro* in seinem Bericht dafür, das Gewohnheitsrecht zur Gewinnung von Eisensand so schnell wie möglich wieder einzuführen.[81]

Ähnlich kritisch steht es um die Versorgung mit Holzkohle. Um 10 Tonnen Eisensand zu ca. 2,5 Tonnen Tamahagane zu verhütten, werden 12 Tonnen Holzkohle benötigt.[82] So werden zur Herstellung von Holzkohle ganze Wälder gerodet, wodurch sich das Landschaftsbild dramatisch verändert. Entsprechend heißt es in *Shichiros* Bericht: „Beinahe alle Bäume der Region in den Bergen wurden gefällt, abgesehen von jenen, die der *Tabe-Familie* gehören, und es ist für die *Torigami Branch Factory* der *Yasukuni Steel Production Company* sehr schwierig geworden, Holzkohle zu bekommen. Allerdings hat die *Tabe-Familie* kein Problem damit, Holzkohle zu liefern, da sie im Gebirge riesige Ländereien und Wälder besitzt. Genauso kann auf ihrem Grund und Boden Eisensand gewonnen werden."[83]

---

[80] Tom Kishida, The Yasukuni Swords, Rare Weapons of Japan 1933 – 1945, Kodansha Europe Ltd., 1. Auflage 2004, S. 85
[81] Tom Kishida, The Yasukuni Swords, Rare Weapons of Japan 1933 – 1945, Kodansha Europe Ltd., 1. Auflage 2004, S. 85
[82] http://en.wikipedia.org/wiki/Tatara_(furnace)
[83] Tom Kishida, The Yasukuni Swords, Rare Weapons of Japan 1933 – 1945, Kodansha Europe Ltd., 1. Auflage 2004, S. 86

Ungeachtet der Schäden für die Natur und der von ihr abhängigen Anwohner werden massive Eingriffe in die Umwelt und damit verbunden ökologische Folgeschäden in Kauf genommen, um den *Yasukuni-tosho* den aus puristischer Sicht unverzichtbaren Rohstoff an die Hand zu geben, aus dem Schwerter entstehen sollen, die den Kampfgeist der japanischen Nation und ihrer Soldaten heraufbeschwören sollen. Die Verfolgung dieser Interessen treibt *Kurata Shichiro* auch mit Hilfe der Medien voran. In seinem bereits eingangs zitierten Artikel *(Token Kai Magazin, Oktober 1933)* argumentiert *Shichiro*: „Ein Schwert, das aus „Western Steel" hergestellt wird, ist schwach und zerbrechlich, anders als das japanische Schwert, dessen Metall vierzehn- bis siebzehnmal gefaltet wurde." Bei allem Respekt für das japanische Traditionsbewusstsein und den ausgeprägten Nationalstolz der Japaner kann diese These *Shichiros*, mit der er die Überlegenheit von Tamahagane gegenüber modernen Industriestählen zu erklären und vielleicht auch den Raubbau an der Natur zu rechtfertigen versucht, nicht unwidersprochen bleiben.

Abgesehen davon, dass auch Schmiede, die „Western Steel" traditionell verarbeiteten, genauso oft oder öfter falteten, kann diese These *Shichiros* nur mit der weltanschaulich indoktrinierten Sichtweise des Stiftungsmanagers des *Nihon Tanren Kai* nachvollziehbar erklärt werden und muss in den Bereich der Propaganda verwiesen werden. *Shichiro* leugnet mit seiner Behauptung nämlich nicht nur die Tatsache, dass bereits ab Mitte des 16. Jahrhunderts importierter Stahl nach Japan gelangt war, der Tamahagane an Reinheit und gleichmäßiger Verteilung der Kohlenstoffanteile qualitativ weit überlegen war. Er vergisst auch, dass bedeutende Schmiede wie Minamoto Yoshichika erfolgreich mit „Western Steel" experimentiert hatten und auf traditionelle Art und Weise Gendaito schmiedeten, die nicht nur für ihre Schärfe, sondern auch für ihre außerordentliche Belastbarkeit berühmt waren. Mit seiner These ignoriert er aber vor allem die traurigen Erfahrungen, die japanische Soldaten mit ihren Samuraischwertern während der Besetzung der Mandschurei machen mussten. Viele Schwerter waren nämlich den extremen Temperaturen von bis zu minus 40 Grad Celsius häufig nicht gewachsen und wurden im Kampf schwer beschädigt oder zerbrachen.

Hikosaburo Kurihara, auch bekannt als *Kurihara Akihide*, führender japanischer Schwertschmied und Begründer des *Nihonto Tanren Denshujo* (Japanisches Schwertschmiede-Institut), hatte sich in Begleitung einer Gruppe von Schwertschmieden in die Mandschurei begeben, um Schwerter zu reparieren und sich ein persönliches Bild von der Lage vor Ort zu machen. Seiner Meinung nach entsprachen die vorgefundenen Schwerter nicht den erwarteten Anforderungen: „Wir reparierten ungefähr 15.000 Schwerter in Shanghai." berichtete *Hikosaburo Kurihara* nach seiner Rückkehr. „Ein Offizier mit einem beschädigten Schwert, der am nächsten Tag in die Schlacht zieht, ist ein erbarmungswürdiger Anblick. Ich sah, wie viele von ihnen bis spät in die Nacht an ihren Schwertern, die für sie Leben oder Tod bedeuteten, arbeiteten." Und weiter: „Klingen aus gutem Stahl brechen nicht so leicht wie die, die wir vorgefunden haben. Ich habe deshalb dem Kriegsministerium („War Ministry") empfohlen, alle Schwertschmiede im Land mit mandschurischem Stahl (*mantetsu*) zu versorgen. Dieser Stahl ist so stark wie kein anderer."[84]

---

[84] Richard Stein, Japanese Sword Guide,
http://www.japaneseswordindex.com/koa.htm

Japanische Infanteriekolonne auf dem Marsch durch den mandschurischen Winter.

Die Schwerter, die aus dem Stahl geschmiedet wurden, der „so stark war wie kein anderer", waren *Mantetsu-to*. Entgegen den lange verbreiteten Schmähungen und Herabwürdigungen durch selbsternannte westliche „Schwertexperten", *Mantetsu-to* seien aus „alten Eisenbahnschienen" geschmiedet worden, ist das einzige, was diese Schwerter mit der Eisenbahn verbindet, die Tatsache, dass ihr Stahl in der Forschungsabteilung der "*South Manchuria Railway Company*" entwickelt wurde. Die *South Manchuria Railway Company* arbeitete nach der Besetzung der Mandschurei durch Japan innerhalb der von Japan kontrollierten Zone. Zu ihren Geschäftsfeldern gehörten der Betrieb der Eisenbahn und der Bahnlinien, der Kohlebergbau und die Forschung. Bereits Anfang September 1937 hatte man seitens der *South Manchuria Railway Company* damit begonnen, einen

Stahl zu entwickeln, der ausschließlich der Produktion von Schwertklingen vorbehalten war.[85]

Eine Fabrik eigens zur Herstellung von Schwertern wurde errichtet und im November 1937 begann man mit der Produktion. Die Ausbildung der Schwertschmiede in der Fabrik erfolgte durch die Schmiede *Takeshima Hisakatsu* und *Wakabayashi Shigetsugu*. Zunächst wurden diese Schwerter „*Mantetsu Kitau Tsukuru Kore*" signiert. Ab 1939 stieg die monatliche Produktionsrate auf 400 Schwerter und die patriotische Formulierung „*Koa Isshin*" (*„Asien ein Herz"*) wurde bei der Signatur verwendet.[86] *Mantetsu-to* wurden insgesamt sehr sorgfältig gefertigt. Dies gilt selbstverständlich auch für die Angel und die kalligraphisch sorgfältig ausgeführte Signatur. Die *hada* zeigt dicht geschmiedetes *ko-itame*, die *hamon* ist üblicherweise in *suguha* ausgeführt. 1944 fand unter der Federführung der Kaiserlichen Armee am *Yasukuni-Schrein* eine Ausstellung für *Shinsaku-to* (*„Neu geschmiedete Schwerter"*) statt. Neben den *Yasukuni-to* war eine weitere Abteilung den *Mantetsu-to* gewidmet, was ihren Stellenwert klar belegt. Ein solches Schwert wurde anlässlich der japanischen Kapitulation am 2. September 1945 durch *Generalmajor Tamoto* an *Oberstleutnant A.K. Crookshank* in Bentong, Malaya, übergeben und ist ein Beweis dafür, dass selbst hochrangige Offiziere der Kaiserlichen Armee voller Stolz *Mantetsu-to* trugen. Das Schwert befindet sich heute im "National Army Museum" in London. Aufgrund ihrer Robustheit und extremen Belastbarkeit erfreuen sich *Mantetsu-to* auch bei Schwertkämpfern großer Beliebtheit.[87]

---

[85] South Manchuria Railway Co. Ltd. Dalian Railway Factory Sword Works, "Kōa Issin", Published 1939
[86] Richard Stein, Japanese Sword Guide, http://home.earthlink.net/~steinrl/koa.htm
[87] http://de.wikipedia.org/wiki/Gunto

Auch Nakayama Hakudo war aufgrund seiner umfangreichen praktischen Erfahrung ein Verfechter der neuen Technologien, solange die Schwerter traditionell geschmiedet wurden und stellte dies auch immer wieder durch Schneidetests unter Beweis. So demonstrierte *Nakayama Hakudo* am 10. Juli 1934 in einer öffentlichen Vorführung die Stärke der neuen Klingen, indem er eine fingerdicke Eisenstange mit einem einzigen Hieb durchschlug. Die Stange war, wie bei Schneidetests üblich, mit in Wasser getränktem Reisstroh umwickelt. Das Schwert war am *Nihonto Tanren Denshujo* von Schülern des *Hikosaburo Kurihara* geschmiedet worden.[88]

Doch wenngleich Tamahagane aufgrund der Verunreinigungen und der ungleichmäßigen Verteilung der Kohlenstoffanteile gegenüber modernen Industriestählen aus metallurgischer Sicht überholt war, besitzt Japans „Juwelenstahl" vielleicht gerade aufgrund dieser Nachteile auch eigentümliche Vorteile. Denn nicht zuletzt mag gerade dadurch in den Klingen jene Textur entstehen, die den verwendeten Stahl unverwechselbar macht und anhand der wir z.B. auf seine Herkunft schließen oder Epochen erkennen können, in denen ein Schwert geschmiedet wurde. So erscheint die Textur einer Klinge aus Tamahagane anders als die Textur einer Klinge aus Namban-tetsu, genauso wie eine Klinge, deren Stahl aus Eisensand der Provinz *Bungo* gewonnen wurde, eine dunklere Färbung aufweist als eine Klinge, deren Stahl aus *Sendai* stammt. So ist letztlich neben anderen Faktoren auch die Textur ein wichtiger Indikator für die Beurteilung und Einordnung einer Klinge, genauso, wie dies auch in anderen Kunstrichtungen der Fall ist. Zum Beispiel in der Malerei, wo der verwendete Untergrund oder der Farbauftrag wichtige Indikatoren für eine Epoche oder einen Künstler sind. Ganz gleich, ob Tamahagane oder Namban-tetsu, am Ende kommt es bei einer traditionell gefertigten Klinge nur

---

[88] http://en.wikipedia.org/wiki/Nakayama_Hakudo

auf die ihr innewohnenden individuellen handwerklichen und künstlerischen Eigenschaften an. Denn nur danach entscheidet sich, ob ein Schwert nur Waffe oder auch Kunstwerk ist.

Kommen wir nach diesem Exkurs über die Gebrauchstüchtigkeit und die Eigenschaften von Schwertstählen wieder zurück zu den *Yasukuni-to*, die am Schrein unter Verwendung von bestem Tamahagane und unter Einhaltung hoher Qualitätsstandards produziert wurden. Hierzu gehörten auch Schneidetests und Schwertinspektionen, die regelmäßig am Schrein stattfanden. So wurde aus einer Anzahl von Klingen, die bereits ihre Grundpolitur erhalten hatten, Schwerter willkürlich ausgewählt und mit jedem dritten Schwert ein Schneidetest durchgeführt.[89] Genauso wurden die am Schrein geschmiedeten Schwerter zweimal im Monat einer gründlichen Inspektion unterzogen. Dabei wurden die begutachteten Schwerter nach strengen Kriterien in vier Klassen aufgeteilt, wobei die vierte Klasse bedeutete, dass das Schwert den Anforderungen nicht genügt hatte („*disqualified*").[90]

Yasukuni-to wurden im Stil der Klingen von *Nagamitsu* und *Kagemitsu* angelegt, die der *Osafune-Schule* angehörten. Diese Schule arbeitete während der *Kamakura-Periode* (1185 – 1333) in der *Bizen-Provinz*. Mit ihren *ko-kissaki*, der dicht geschmiedetem *ko-itame hada*, der gekonnt angelegten *suguha hamon* und der tiefen *bizen-sori* wirken die sich elegant verjüngenden Klingen wie Ebenbilder später *Koto-Tachi*. Dieser Eindruck wird durch die besondere Textur der Klingenoberfläche (*ji-tetsu*), die wesentlich von den Eigenschaften des zur Verfügung stehenden Tamahagane beeinflusst wurde, weiter verstärkt.

---

[89] Tom Kishida, The Yasukuni Swords, Rare Weapons of Japan 1933 – 1945, Kodansha Europe Ltd., 1. Auflage 2004, S. 72
[90] Tom Kishida, The Yasukuni Swords, Rare Weapons of Japan 1933 – 1945, Kodansha Europe Ltd., 1. Auflage 2004, S. 73

Yasuoki

Eines dieser Schwerter, das von *Shimazaki Yasuoki* am *Yasukuni-Schrein* geschmiedet wurde und das als Ehrengabe für einen Schrein bestimmt war, wird nun im weiteren Verlauf vorgestellt. Das vorliegende Schwert ist ein besonderes Tachi, das Yasuoki 1940 im Auftrag des Gouverneurs der Provinz *Kanagawa* schmiedete. Das Schwert ist in dem Buch *"The Yasukuni Swords Rare Weapons of Japan 1933 -1945"* von *Tom Kishida* in dem auf der Seite 58 abgebildeten *"Swordmaking Record of Yasuoki"* dokumentiert. Es handelt sich um die Arbeit Nr. 13 („*Work No. 13*") in dem von Yasuoki handgeschriebenen Arbeitsbericht für den Monat August 1940.[91]

Das Schwert ist wie alle *Yasukuni-to tachi-mei* signiert und im Stil der Arbeiten von *Nagamitsu* und *Kagemitsu* angelegt. Das *Tachi* erinnert in seiner klassischen Form mit *shinogi-zukuri*, *ihori-mune*, tiefer *bizen-sori*, *ko-kissaki* und der sich proportional verjüngenden Klinge (*motohaba* 29 mm, *sakihaba* 19 mm, *motokasane* 7 mm, *sakikasane* 5 mm) an eine späte *Koto-Klinge* (*sue koto*). Die *hada* zeigt dichtes und absolut fehlerfrei geschmiedetes *ko-itame*, die *hamon* ist als *suguha hamon* angelegt und nähert sich unterhalb der *yokote* in einem leichten Bogen der Schneide. Dieser Bogen ist ein eindeutiges Erkennungszeichen und typisch für die frühen Klingen der *Yasunori-Gruppe*.[92]

Die Angel ist ästhetisch als *kiji-momo nakago*[93] ausgeführt, die Feilmarken sind sehr sorgfältig gearbeitete *kiri-yasurime*. Yasuoki fertigte *kiji-momo nakago* bis zu seinem 349. Schwert

---

[91] Tom Kishida, The Yasukuni Swords, Rare Weapons of Japan 1933 – 1945, Kodansha Europe Ltd., 1. Auflage 2004, S. 58
[92] Tom Kishida, The Yasukuni Swords, Rare Weapons of Japan 1933 – 1945, Kodansha Europe Ltd., 1. Auflage 2004, S. 55
[93] Tom Kishida, The Yasukuni Swords, Rare Weapons of Japan 1933 – 1945, Kodansha Europe Ltd., 1. Auflage 2004, S. 55

Anfang August 1942. Danach änderte er die Form der Angel genauso wie die Feilstriche auf dem Angelrücken.[94] Die Angel ist auf der *omote* „*Yasuoki*" und auf der *ura* „*Showa 15 Nen 8 Gatsu Kichi Jitsu*" („*Showa 15. Jahr 8. Monat (August 1940) Ein glücklicher Tag*") signiert. Die Signatur stammt von Yasuoki selbst (*jishin-saku*) und nicht von einem seiner Gesellen (*dai-saku*). Siehe hierzu auch Seite 59, *"The Yasukuni Swords"* von *Tom Kishida* , wo der Unterschied zwischen den Signaturen *jishin-saku* und *dai-saku* ausführlich dargestellt wird.[95] Genauso entspricht das Schriftzeichen für *"oki"* der älteren Version, mit der *Yasuoki* seine frühen Klingen signierte, bevor er dieses Schriftzeichen mit der Fertigstellung seines 181. Schwerts, das er Anfang September 1941 schmiedete, änderte.[96]

In seinem Arbeitsbericht von 1940 gibt Yasuoki die Länge der Klinge „Nr. 13" mit *1 shaku, 9 sun, 6 bu* an. Die vorliegende Klinge von Yasuoki misst vom *mune-machi* bis zur Klingenspitze tatsächlich gerade mal um ein Haar weniger als 594,0 mm (*1 shaku, 9 sun, 6 bu = 593,88 mm*). Dies unterscheidet dieses Tachi schon auf den ersten Blick von den übrigen *Yasukuni-to*, die normalerweise eine Länge über *zwei shaku* aufweisen, denn die durchschnittliche Klingenlänge (*nagasa*) der am Schrein geschmiedeten Schwerter betrug ca. 66,7 cm.

Aber was dieses vom Standard abweichende Schwert darüber hinaus zu einem besonderen und absolut einzigartigen *Yasukuni-to* macht, sind die handgeschriebenen Anmerkungen, die Yasuoki in seinem persönlichen Arbeitsbericht hinter seine „Arbeit N. 13" geschrieben hat. Übersetzt bedeuten die japani-

---

[94] Tom Kishida, The Yasukuni Swords, Rare Weapons of Japan 1933 – 1945, Kodansha Europe Ltd., 1. Auflage 2004, S. 59

[95] Tom Kishida, The Yasukuni Swords, Rare Weapons of Japan 1933 – 1945, Kodansha Europe Ltd., 1. Auflage 2004, S. 59

[96] Tom Kishida, The Yasukuni Swords, Rare Weapons of Japan 1933 – 1945, Kodansha Europe Ltd., 1. Auflage 2004, S. 59

schen Schriftzeichen nämlich: "Zur Erinnerung an das 2600-jährige Bestehen des Japanischen Kaiserreichs hat der *Gouverneur der Provinz Kanagawa* in ganz Japan zehn Schwertschmiedemeister beauftragt, zehn Schwerter als Geschenke für zehn Schreine in Kanagawa zu schmieden."[97]

Unter Hinzuziehung aller Fakten besteht nicht der geringste Zweifel daran, dass das vorliegende, am *Yasukuni-Schrein* von *Yasuoki* geschmiedete Tachi eines dieser zehn Schwerter ist, die der *Gouverneur von Kanagawa* im Jahr 1940 anlässlich des 2600-jährigen Bestehens des Japanischen Kaiserreichs bei zehn Schwertschmiedemeistern als Geschenke an zehn Schreine in Auftrag gegeben hat. Einer von diesen zehn durch den Gouverneur in ganz Japan ausgewählten Meisterschmieden war der *Yasukuni-tosho Shimazaki Yasuoki*. Aufgrund dieser von Yasuoki in seinem Arbeitsbericht persönlich niedergeschriebenen Historie ist dieses Tachi auch kulturhistorisch von herausragender Bedeutung und stellt ein einzigartiges Vermächtnis des *Yasukuni-Schreins* und seines Schwertschmieds *Shimazaki Yasuoki* dar.

Das Tachi zeigt alle Schönheiten, die man von einer Yasuoki-Klinge erwarten darf und zeugt bis heute von den hohen handwerklichen und künstlerischen Fähigkeiten der *Yasukuni-tosho* und der herausragenden Qualität der traditionell am *Yasukuni-Schrein* gefertigten Schwerter. Zurecht konstatiert Tom Kishida: „Die 8100 Schwerter, die in der Zeit von 1933 bis 1945 am *Yasukuni-Schrein* geschmiedet wurden, stellen ein besonderes Vermächtnis von Kunstwerken dar, in denen nicht nur altehrwürdige Schmiedemethoden weiterleben, sondern auch die Ästhetik und der Geist der Samurai-Krieger."

---

[97] Tom Kishida, The Yasukuni Swords, Rare Weapons of Japan 1933 – 1945, Kodansha Europe Ltd., 1. Auflage 2004, S. 58

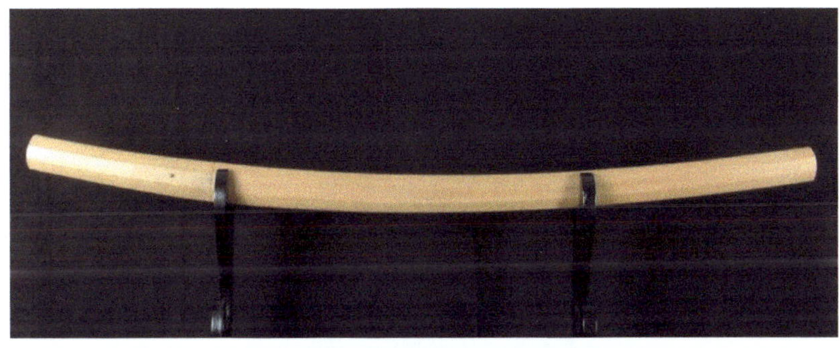

Eins von 10: Ein kulturhistorisch bedeutendes Yasukuni-to und einzigartiges Vermächtnis des Yasukuni-tosho Shimazaki Yasuoki. Yasuoki schmiedete das Schwert im August 1940 im Auftrag des Gouverneurs der Provinz Kanagawa anlässlich des 2600-jährigen Bestehens des Japanischen Kaiserreichs. Zur Erinnerung an dieses denkwürdige Jahr beauftragte der Gouverneur in ganz Japan zehn Schwertschmiedemeister, zehn Schwerter zu schmieden, die als Geschenke für zehn Schreine in Kanagawa bestimmt waren. Einer dieser Schmiede war der Yasukuni-tosho Shimazaki Yasuoki und das hier vorgestellte Schwert ist eins dieser zehn Schwerter.

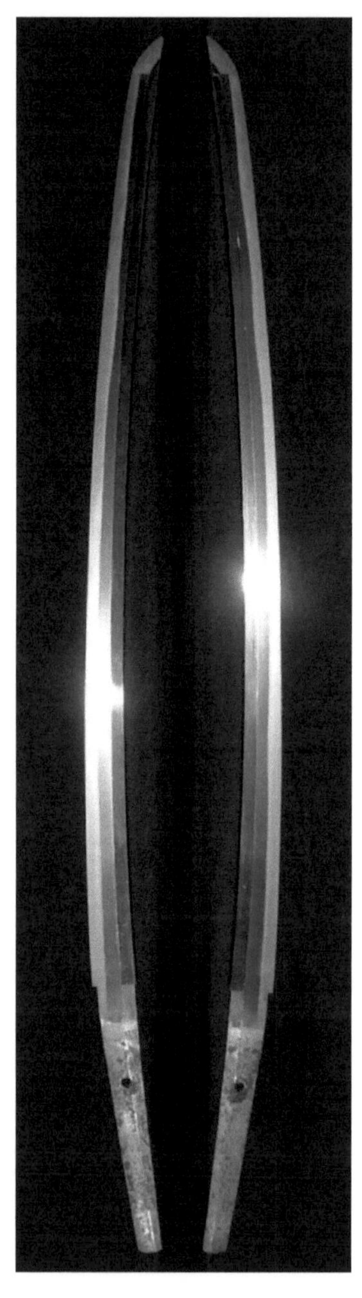

104

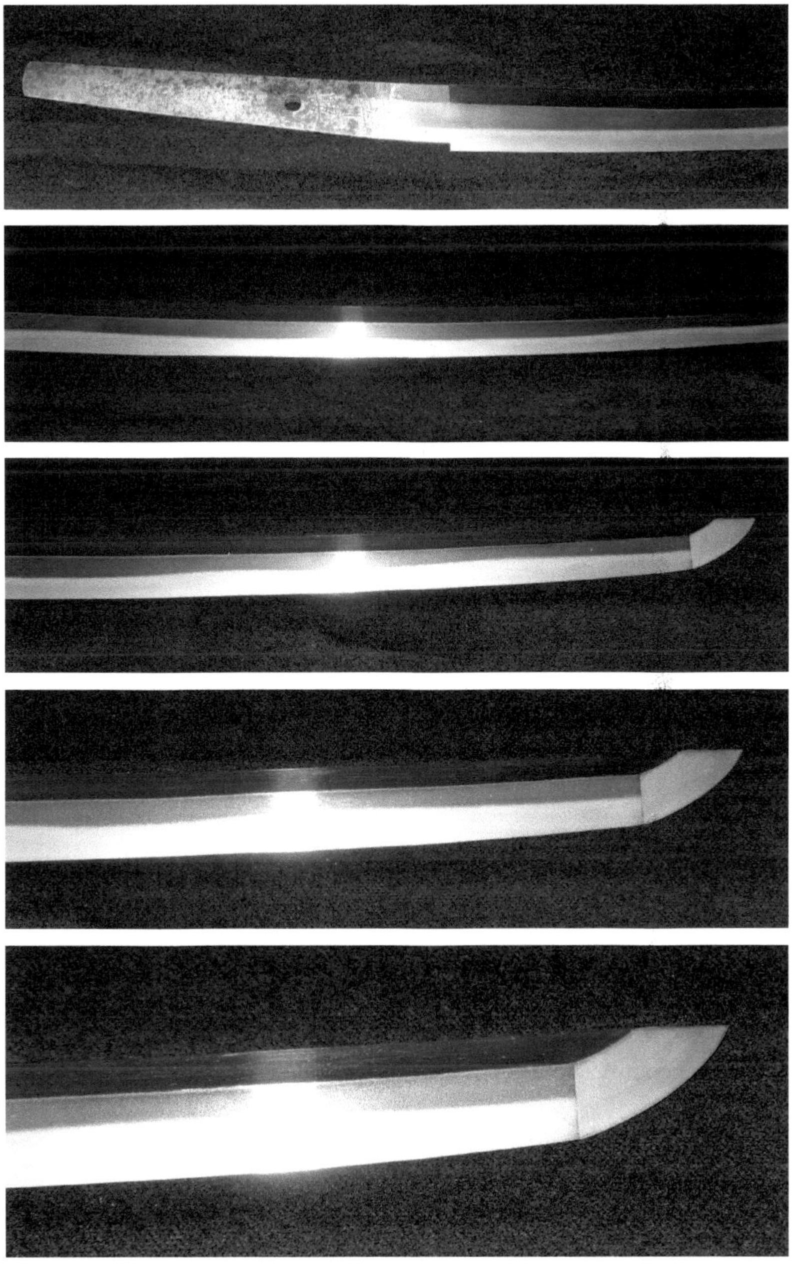

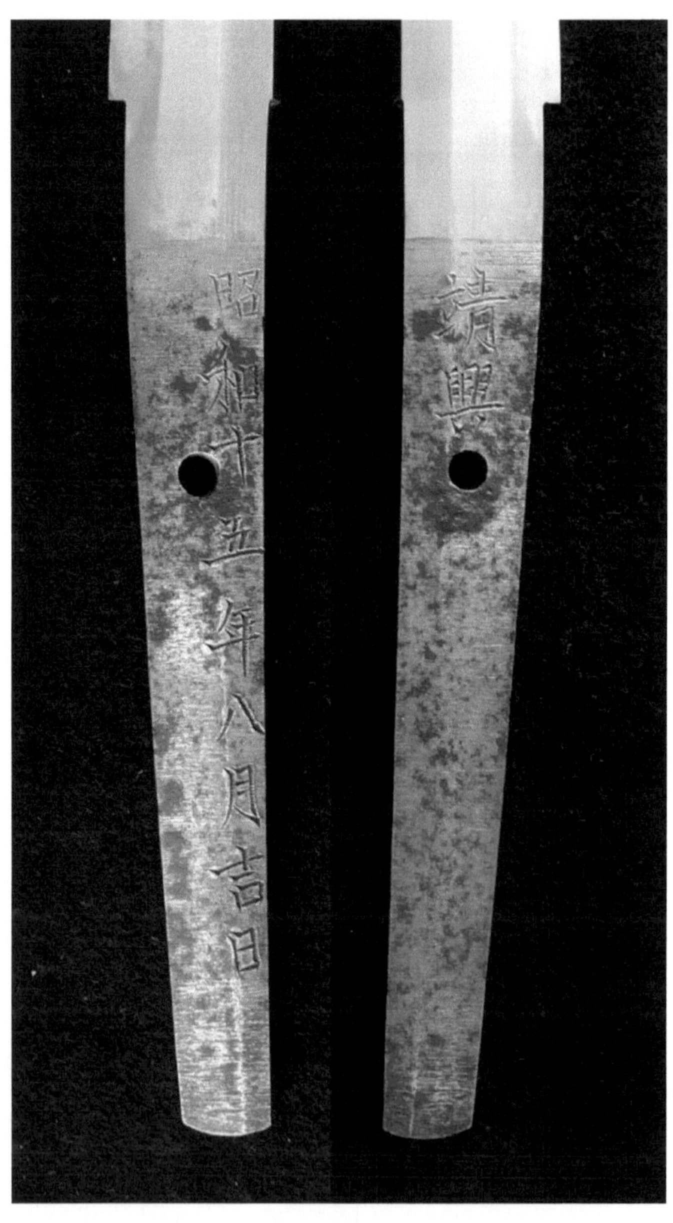

Das Schwert Tachi-mei „Yasuoki", die Ura datiert „Showa 15. Jahr 8. Monat (August 1940) Ein glücklicher Tag".

Gunto, ihr Stellenwert in der Kaiserlichen Armee und ihre Bedeutung in der Schlacht

„Das Schwert ist in der Geschichte der Menschheit die erste Waffe, deren Ursprung weder in einem der Werkzeuge zum täglichen Gebrauch, wie Axt und Messer, zu suchen ist, noch in einem der einst im Kampf ums Dasein lebensnotwendigen Jagdgeräte, wie Speer oder Pfeil und Bogen, sondern die von Anfang an ausschließlich zum Töten von Menschen bestimmt war. Wahrscheinlich aus eben diesem makabren Grund gilt das Schwert allgemein als die edelste aller Waffen, und so hat sich bei praktisch allen Völkern und Kulturen, die es kennen, ein eigener Mythos um das Schwert …gebildet.“[98]

In Japan ist dieser Mythos besonders ausgeprägt. Der Legende nach erschlug *Susanoo*, Bruder der Sonnenkönigin *Amaterasu*, mit einem Schwert den achtköpfigen Drachen *Orochi*. Als er dem Drachen einen der acht Schwänze abschlug, sprang eine Schwertklinge von unglaublicher Schönheit hervor, die er *Amaterasu* zum Zeichen seines Sieges überreichte. Nachdem *Susanoos* Nachkommen die Herrschaft auf der Erde übernommen hatten, sendete *Amaterasu* ihren Enkelsohn *Ninigi* auf die Erde, um Reis zu pflanzen und die Erde zu regieren. Aus der Verbindung eines Nachkommen *Ninigis* mit einer Tochter des Drachenkönigs geht *Jimmu*, der erste japanische *Tenno* und damit der Ahnherr aller japanischen Kaiser hervor. Der Überlieferung zufolge gab *Amaterasu Jimmu* drei Geschenke mit, die bis heute die Throninsignien (*Sanshu no Jingi*) des japanischen Kaiserhauses sind.[99] Neben der Halskette und dem Spiegel, mit der einst die Götter *Amaterasu* aus der Höhle lockten,

---

[98] Helmut Nickel, Curator of Arms & Armor, Metropolitan Museum of Art, New York, "The Japanese Blade: Technology and Manufacture", http://www.metmuseum.org/toah/hd/japb/hd_japb.htm
[99] http://de.wikipedia.org/wiki/Ninigi

in der sie sich verborgen gehalten hatte, war dies das Schwert, das *Susanoo* im Kampf mit dem Drachen *Orochi* errungen hatte.

In der japanischen Mythologie Geschenk der Götter und Inbegriff göttlich verliehener Macht, entwickelt sich das Schwert zur symbolträchtigen Waffe. Zum Zeichen seines Standes trägt der Hofadel (*kuge*) schon in früher Zeit prunkvoll montierte Tachi. Mit der wachsenden Bedeutung des Kriegeradels (*buke*) gewinnt das Schwert auch für die Samurai neben seiner praktischen Bedeutung als tödliche Waffe zunehmend an Bedeutung als sichtbares Statussymbol und Ausdruck ihrer gesellschaftlichen Stellung. Seit der Machtübernahme durch das *Shogunat* war es das ausschließliche Privileg der Samurai, zwei Schwerter zu tragen, die sie durch intensives geistiges und körperliches Training perfekt zu handhaben wussten.

Den Samurai erwiesen die Japaner unterwürfige Verehrung, und das nicht nur, weil die Samurai in der japanischen Gesellschaft einem der höchsten Stände angehörten. Es war der Ehrenkodex der Samurai, der ihre moralische Integrität begründete und dem die Angehörigen aller Stände stets tiefempfundenen Respekt zollten. Dieser Ehrenkodex erhob sieben Tugenden zur Maxime ihres Handelns und machte das *Gesetz des Bushido* unsterblich: *Gi* (義): Aufrichtigkeit und Gerechtigkeit, *Yu* (勇): Mut, *Jin* (仁): Güte, *Rei* (礼): Höflichkeit, *Makoto* (誠) oder *Shin* (真): Wahrheit und Wahrhaftigkeit, *Meiyo* (名誉): Ehre und *Chugi* (忠義): Treue oder auch *Chu* (忠): Pflicht und Loyalität. [100] Absolute Loyalität und die Bereitschaft, jederzeit ohne Zögern in treuer Pflichterfüllung für seinen Lehnsherrn sein Leben zu lassen, bestimmten das Lebensideal und den Weg des Samurai.

---

[100] Gewitsch, Michael, „Die sieben Tugenden der Samurai", Ausarbeitung zum 1. DAN Jiujitsu, 2013

Eine strenge und extrem harte Erziehung, mit der bereits im frühen Knabenalter begonnen wurde, legte den Grundstein für die außergewöhnliche Härte und Kaltblütigkeit dieser Kriegerelite. Schon früh wurden die Knaben an Entbehrungen, Hunger und Kälte gewöhnt. So mussten sie selbst im strengen Winter barfuß gehen oder wurden in bitterer Kälte an ihnen unbekannten Orten ausgesetzt, von wo sie sich, auf sich allein gestellt, nach Hause durchschlagen mussten. Gelegentlicher Nahrungsentzug gewöhnte sie früh daran, Hunger zu ertragen; denn es bedeutete Schande für einen Samurai, Hunger zu empfinden oder zu äußern. Die Jungen mussten Hinrichtungen beiwohnen, an den Richtstätten übernachten oder nachts dahin zurückkehren und zum Beweis, dass sie auch tatsächlich dort waren, Zeichen an der Richtstätte oder den Hingerichteten hinterlassen. Schon in früher Jugend an das Grauen und den Anblick des Todes gewöhnt, verlor der Tod für sie seine Schrecken.[101]

Gefolgschaftstreue und Wahrhaftigkeit, Mut und Gerechtigkeit, Güte und Höflichkeit gehörten zu den Tugenden der Samurai genauso wie das Mitgefühl. Allerdings kannte das Mitgefühl eines Samurai makabre Grenzen. Erwies ein Angehöriger eines niederen Standes einem Samurai nicht den nötigen Respekt, hatte der Samurai das Recht, den Respektlosen „niederzustrecken und zu gehen"[102]. Leben und Tod lagen im feudalen Japan dicht beieinander und bedeutetem dem Samurai nicht viel. Der Samurai lebte mit dem Tod und war jederzeit bereit, für die Ehre und für seinen Herrn zu sterben. Dies ging so weit, dass treue Samurai beim Tod ihres Herrn nicht selten rituellen Selbstmord (*seppuku*) begingen, um ihrem Herrn in die andere Welt zu folgen. Diese Tradition lebte bis ins 20. Jahrhundert

---

[101] Mauer, Kuno, Die Samurai, Econ Verlag Düsseldorf, 1. Auflage 1981
[102] Tsunetomo Yamamoto, Hagakure, Kabel-Verlag, 7. Auflage, März 2009

fort. Als *Kaiser Meiji* 1912 starb, folgte ihm sein ihm treu ergebener *General Nogi Maresuke* in den Tod.

General Nogi Maresuke wurde am 25. Dezember 1849 in Edo, dem heutigen Tokio, geboren. „Während des japanischen Bürgerkriegs von 1877 diente er als Hauptmann in der kaiserlichen Armee. Später befehligte er im Chinesisch-Japanischen Krieg (1894-1895) eine Brigade und wurde 1895 zum Generalleutnant ernannt. Als seine größte militärische Leistung wird die 154-tägige Belagerung der Stadt Port Arthur im Russisch-Japanischen Krieg (1904-1905) angesehen. Mittlerweile zum General aufgestiegen, zwang er die russischen Truppen am 2. Januar 1905 zur Kapitulation. Auf der einen Seite bedeutete dies einen großen Erfolg für die japanischen Streitkräfte. Allerdings forderte der Sieg 58.000 Tote auf japanischer Seite, darunter Nogis eigene zwei Söhne. Die Verluste der russischen Truppen betrugen 31.000 Tote. Am 13. September 1912 begingen General Nogi Maresuke und seine Frau Shizuko Seppuku, um dem verstorbenen *Kaiser Mutsuhito*, besser bekannt als *Meiji-Tenno*, in den Tod zu folgen. General Nogi Maresuke und seine Frau werden noch heute in verschiedenen Nogi-Schreinen als *Kami („Verehrte geistige Wesen")* verehrt.[103]

---

[103] http://de.wikipedia.org/wiki/Nogi_Maresuke

Kaiser Mutsuhito (links) und sein ihm treu ergebener General Nogi Maresuke.

Auch *Tsunetomo Yamamoto*, der Verfasser des *„Hagakure"*, war Samurai. Nach dem Tod seines Herrn durfte er diesem nicht folgen, weil ihm sein Herr per Verfügung untersagt hatte, Seppuku zu begehen. So wurde er *Zen-Mönch* und verfasste zwischen 1710 und 1716 sein bis heute berühmtes Werk *„Hagakure"*. Darin heißt es: „Ich habe herausgefunden: Bushido, der Weg des Kriegers liegt im Sterben. Wird man mit zwei Alternativen konfrontiert, Leben oder Tod, so soll man ohne Zögern den Tod wählen. Daran ist nichts Schweres; man muss nur fest entschlossen sein, sein Ziel zu verfolgen." und weiter „Der Weg des Samurai ist der Tod...".[104] In der buddhistischen Grundhaltung, dass der Tod einen willkommenen Schlusspunkt des irdischen Lebens bildet, in der todesverachtenden Erziehung und in ihrem ausgeprägten Ehrenkodex mögen die Ursachen für die stets bewiesene außerordentliche Tapferkeit und

---

[104] Tsunetomo Yamamoto, Hagakure, Kabel-Verlag, 7. Auflage, März 2009

den Erfolg der Samurai im Kampf gelegen haben. Dafür waren sie berühmt, genauso wie ihre Schwerter, mit denen sie zu Herren über Leben und Tod wurden. Es gibt unzählige Geschichten über die Heldentaten von Samurai-Kriegern. Eine davon ist die berühmte Geschichte der „47 Ronin", die jedes Kind in Japan und nicht nur dort kennt und die Menschen mit ausgeprägtem Ehrgefühl und Sinn für tiefe Treue und Ehrempfinden bis heute größten Respekt und Zustimmung abnötigt. Aufgrund der unbedingten Integrität und Loyalität der Samurai und ihrer einzigartigen Vorbildfunktion in der der japanischen Gesellschaft wird nachvollziehbar, warum die Soldaten der Kaiserlichen Armee danach strebten, ein Schwert zu tragen, das für sie die hohen Ideale der Samurai und den Geist des Bushido verkörperte und dem sie im Kampf ihr Leben und ihre Seele anvertrauen konnten.

Mori Masahiro, japanischer Schriftsteller, schreibt dazu in seinem Aufsatz „SOLDIERS AND GUNTO"[105]: „In Kriegsberichten und der Propaganda der Kaiserlichen Armee gibt es viele Geschichten über das Japanische Schwert, die seine Überlegenheit über moderne Feuerwaffen suggerieren. Diese Geschichten übertreiben oft die Effektivität des Japanischen Schwerts, indem heldenhafte Taten von Armeeoffizieren erzählt werden, die ihre Schwerter in der Schlacht schwingen. Diese Geschichten sind allgegenwärtig. Wichtiger als die Glaubwürdigkeit solcher Geschichten ist aber die Tatsache, dass diese Geschichten beweisen, dass das Japanische Schwert zu einem mächtigen Symbol für Loyalität und Militarismus geworden war, indem es den Geist des Bushido und die Kaiserlichen Soldaten mental zusammenführte."

---

[105] Tom Kishida, The Yasukuni Swords, Rare Weapons of Japan 1933 – 1945, Kodansha Europe Ltd., 1. Auflage 2004, Seite 104

„Die Kaiserlichen Soldaten fühlten instinktiv, dass dem Tragen eines Samuraischwerts eine tiefe und wichtige Bedeutung innewohnte. Im Verlauf seiner langen Geschichte hatte man es als die Seele des Samurai verehrt und behandelt. Jenseits seiner Bedeutung als Waffe ging von ihm eine tiefe symbolische Kraft aus. Es besaß mystische Fähigkeiten, indem es nicht nur das Leben des Kriegers beschützte, sondern ihm auch dabei half, Bushido, dessen grundlegende Prinzipien lehren, jede Furcht vor dem Tod zu überwinden, in die Praxis umzusetzen. Eingedenk seiner eigenen Schwäche und Zerbrechlichkeit personifizierte der Krieger seine Waffe, die von Seele und Charakter durchdrungen war.“

„Während des Zweiten Weltkriegs nahmen Piloten ihre Schwerter mit in die Maschinen und verwundete Soldaten trennten sich von ihren Schwertern noch nicht einmal im Lazarett. Es wird berichtet, dass Soldaten dazu ermutigt wurden, vor einem letzten, tödlichen Angriff ihr Schwert zu betrachten, um ihre Sinne zu schärfen und auch hochrangige Offiziere kümmerten sich stets persönlich und mit Hingabe um die Pflege ihrer Schwerter.“ „Das japanische Schwert ist stets von Leuten der Oberschicht gesammelt und studiert worden. Die Soldaten der Kaiserlichen Armee waren aber weder Samurai noch gehörten sie dem Adel an. Es liegt jenseits unserer Vorstellungskraft, wie stolz sie gewesen sein müssen, in einer Zeit, die immer noch Züge einer feudalistischen Hierarchie trug, ein Schwert an ihrer Seite zu tragen.“

„Die Soldaten der Kaiserlichen Armee des Zweiten Weltkriegs und die Bushi des alten Japan sollten nicht in einen Topf geworfen werden, denn diese zwei Krieger-Klassen haben einen unterschiedlichen geschichtlichen Hintergrund. Allerdings, wenn Menschen Schwertern Respekt zollen, die von Kriegern in der *Sengoku-* und *Bakumatsu-Periode* getragen und benutzt wurden, dann müssen auch Gunto neu bewertet werden und genauso als die Seele jener Soldaten angesehen werden, die sie benutzten. Außerdem dürfen wir die Tatsache nicht außer Acht lassen, dass Gunto im Krieg von Fall zu Fall auch noch als Waffe ihre Effektivität bewiesen haben." Soweit Mori Masahiro in seinem Artikel „SOLDIERS AND GUNTO".

Gunto, ihr Stellenwert in der Kaiserlichen Armee und ihre Bedeutung in der Schlacht

Bildteil

Die folgenden Bilddokumente korrespondieren mit den Thesen Mori Masahiros. Sie stammen aus Presse- oder Staatsarchiven und Fotoalben japanischer Soldaten und legen Zeugnis ab vom hohen Stellenwert, den das Samuraischwert bis zum Ende des Zweiten Weltkriegs in Japans Kaiserlicher Armee besaß. Sie zeigen den Sonnenkaiser mit seinem Samuraischwert in Gunto-Montierung in nahezu mystischer Verklärung auf seinem Hengst Shirayuki und den jungen Leutnant, der mit seinem Gunto stolz und nicht weniger symbolträchtig für den Fotografen posiert, vermitteln aber auch beklemmende Eindrücke aus der Hölle der Materialschlachten, durch die die Soldaten aller Kriegsparteien gingen.

Die Bilder künden von der brutalen Wucht, mit der der Krieg auf Menschen und Material traf. Sie lassen uns nur erahnen, welche gewaltigen Kräfte es waren, die ganze Städte ausradierten, Flugzeuge vom Himmel holten, schwer gepanzerte Schlachtschiffe auf den Grund des Meeres schickten und eben noch blühende Landstriche unter der Feuerwalze der Artillerie in trostlose Kraterlandschaften verwandelten. Wir wissen, dass die Schwerter gegen diese Zerstörungskraft nicht bestehen konnten. Der Autor selbst hat von Schrapnells und Granatsplittern schwer beschädigte oder zerschossene Schwerter gesehen. Dennoch glaubten die Soldaten aller Waffengattungen fest an die spirituelle Kraft ihrer Schwerter und vertrauten ihnen im Inferno der Materialschlacht ihr Leben an.

Wir wissen, dass die Schwerter nicht nur die Soldaten des Heeres in die Schlacht begleiteten; auch Piloten gingen nicht ohne ihre Schwerter auf Feindflug ebenso wie die Offiziere der Kaiserlichen Marine, die ihre Schwerter mit an Bord nahmen, wenn es auf Feindfahrt ging. Diese Schwerter kamen anders als die Schwerter der Landstreitkräfte selten oder nie zum praktischen Einsatz. Und obwohl sie auf den Fotos unseren Blicken verborgen bleiben, begleiteten sie in den Kanzeln der Flugzeuge und an Bord der Schiffe ihre stolzen Träger und halfen ihnen, die Furcht vor dem Tod zu überwinden und den Weg des Kriegers entschlossen zu gehen.

Der Bildteil erinnert auch an den „Tiger von Malaysia", General Yamashita Tomoyuki, für den sich der Weg des Kriegers mit der Verurteilung zum Tod durch den Strang auf tragische Weise erfüllte. Die Gelassenheit, mit der er den Galgen bestieg, verdient größten Respekt. Ohne Furcht vor dem Tod und in der Überzeugung, sich vor den Göttern nicht schämen zu müssen, bittet er sie darum, seinen Henker zu segnen. Das Kriegsgeschehen und das Urteil durch ein US-Militärtribunal offenbaren die Doppelmoral und die Willkür des Siegers, der den Besiegten trotz erheblicher Zweifel an seiner Schuld schuldig spricht, um ein Exempel zu statuieren, während der Sieger ohne Not und bis heute ungesühnt durch zwei Atombombenabwürfe über Hiroshima und Nagasaki rund eine Viertelmillionen Zivilisten umbrachte, die entweder unmittelbar bei den Abwürfen ums Leben kamen oder unter den atomaren Spätfolgen grausam litten und starben.[106]

---

[106]https://de.statista.com/statistik/daten/studie/1086264/umfrage/geschaetzte
-zivile-todesopfer-und-verletzte-in-hiroshima-und-nagasaki/

Kaiser Hirohito auf seinem Hengst Shirayuki (Weißer Schnee). Der Tenno trägt ein Samuraischwert in Shin-Gunto-Montierung. Die Pose symbolisiert in geradezu mystischer Verklärung die Verschmelzung des Göttlichen Sonnenkaisers mit dem Geist des Bushido. Die Strahlkraft und die Wirkung auf die Soldaten der Kaiserlichen Armee und das japanische Volk werden bei näherer Beschäftigung mit dem Thema auch für Menschen anderer Kulturkreise nachvollziehbar.

Ein folgenschwerer Besuch: **Kaiser Hirohito** *in Begleitung von* **Hajime Sugiyama** *(links hinter dem Tenno) und* **Nara Takeji**

(rechts hinter dem Tenno) beim Besuch des Yasukuni-Schreins. Der Kaiser und seine Begleiter tragen Uniformen und ihre Gunto. Kurz nach diesem Besuch fiel Japan in China ein (Zweiter Japanisch-Chinesischer Krieg vom 7. Juli 1937 bis 9. September 1945). Das vorliegende Foto stammt aus dem Fotoalbum eines japanischen Soldaten.

Hajime Sugiyama wurde am 1. Januar 1880 als Spross einer Samuraifamilie in Kokura, Präfektur Fukuoka geboren und machte militärisch und politisch eine steile Karriere. In der Kaiserlichen Armee stieg er bis zum Gensui (Generalfeldmarschall) auf und war mehrmals Heeresminister. Als Heeresminister betrieb er den Ausbruch und die Eskalation des Zweiten Japanisch-Chinesischen Kriegs (Zwischenfall an der Marco-Polo-Brücke)[107]. Im Dezember 1938 erhielt er den Oberbefehl über die Regionalarmee in Nordchina. Nach seiner Rückkehr nach Japan war er zunächst Leiter des Yasukuni-Schreins. Im September 1940 wurde er zum Chef des Heeresgeneralstabs berufen und setzte sich in dieser Funktion nachdrücklich für einen Präventivschlag gegen die Vereinigten Staaten ein. „Er versprach im Kriegsfall einen schnellen Erfolg Japans, wurde jedoch am 5. September 1941, nur zwei Monate vor Ausbruch des Pazifikkriegs, von Kaiser Hirohito dafür gescholten, dass er als Heeresminister im Jahr 1937 einen Sieg über China innerhalb von drei Monaten versprochen hatte. Der Tenno stellte in diesem Zusammenhang sein Vertrauen in einen schnellen Sieg über die Westmächte in Frage."[108] Nach der Kapitulation Japans am 2. September 1945 trieb er noch die von den Alliierten geforderte Demobilisierung der unter seinem Kommando stehenden Truppen voran. Dann setzte er seinem Leben am 12. September ein Ende, indem er sich an seinem Schreibtisch viermal mit einem Revolver in die Brust schoss. In ihrem Haus

---

[107] http://de.wikipedia.org/wiki/Zwischenfall_an_der_Marco-Polo-Brücke
[108] http://de.wikipedia.org/wiki/Sugiyama_Hajime

beging seine Ehefrau ebenfalls Suizid. Sein Grab befindet sich auf dem Friedhof Tama in Fuchu, Tokio.

Nara Takeji wurde am 28. April 1868 in der Nähe der heutigen Stadt Kanuma, Präfektur Tochigi, als Sohn einer Bauernfamilie geboren. Er besuchte die Japanische Militärakademie und die Armee-Artillerie-Schule. Von 1894 bis 1895 nahm er am Ersten Japanisch-Chinesischen Krieg teil und setzte nach seiner Rückkehr seine militärische Karriere erfolgreich fort. Er diente im Generalsstab der Kaiserlichen Armee und wurde als Militärattaché nach Deutschland entsandt. Während des Russisch-Japanischen Kriegs (1904 - 1905) war Nara Takeji Kommandeur der Unabhängigen Schweren Artillerie-Brigade. Nach dem Krieg und einem weiteren Besuch in Deutschland stieg er zum Stellvertretenden Kriegsminister auf. 1918 nahm er als Vertreter der japanischen Delegation an den Verhandlungen zum Versailler Vertrag teil. Im Anschluss wurde Nara Takeji Persönlicher Adjutant Kronprinz Hirohitos und wurde nach dessen Krönung zum Kaiser zum Chefadjutanten seiner Majestät des Kaisers ernannt. Er überwachte die Ausbildung des Kronprinzen in militärischen Angelegenheiten in Theorie und Praxis. 1921 gehörte er zum Gefolge Hirohitos auf dessen offizieller Europareise. 1924 wurde er zum General befördert, ab 1933 gehörte er dem Privaten Rat des Kaisers (Privy Council) an.[109] Nach seinem Ausscheiden aus dem Militärdienst wurde er in den Stand eines Barons erhoben. Im Nachkriegsjapan war er Präsident (Chairman) des „Dai Nippon Butoku Kai".[110] Baron Nara Takeji starb am 21. Dezember 1962. Seine bis dahin wohlgehüteten Tagebücher aus der Zeit als Persönlicher Adjutant des Kaisers ermöglichten der Nachwelt bis dahin unbe-

---

[109] http://en.wikipedia.org/wiki/Privy_Council_Japan
[110] http://en.wikipedia.org/wiki/Dai_Nippon_Butoku_Kai

kannte Einblicke in die Gedanken und die Rolle des Tenno während des zweiten Weltkriegs.[111]

„Das Schwert ist die Seele des Samurai.": Links Kaiser Hirohito mit Samuraischwert in prunkvoller Galauniform. Nicht weniger stolz posiert ein Leutnant der Kaiserlichen Armee mit seinem Gunto für den Fotografen, bevor er für Kaiser und Reich in den Krieg zieht. In der Schlacht vertrauten die Offiziere ihren Schwertern ihr Leben an, genauso, wie die Soldaten ihren Offizieren vertrauten und ihnen folgten, wenn die „letzten Samurai" mit dem Schwert in der Hand ihre Männer zum Sturm auf die gegnerischen Stellungen anführten.

---

[111] http://en.wikipedia.org/wiki/Takeji_Nara

Pearl Harbor, Hawaii: Am Morgen des 7. Dezember 1941 greifen japanische Marineflieger die in Pearl Harbor vor Anker liegende Pazifikflotte der USA an. Bei dem Angriff wird ein Großteil der Flotte vernichtet oder zum Teil schwer beschädigt. Gleichzeitig beginnt die japanische Offensive gegen die britischen und niederländischen Kolonien in Südostasien. Damit weitet sich der Krieg in Europa zu einem global geführten Weltkrieg aus. Der Angriff gilt als entscheidender Wendepunkt für den gesamten Kriegsverlauf, weil die bis dahin neutralen USA Japan den Krieg erklären und damit erstmals aktiv in das Kriegsgeschehen des Zweiten Weltkriegs eingreifen. Das Bild stammt aus dem Archiv der Kaiserlich Japanischen Marine und zeigt einen japanischen Jagdbomber beim Angriff auf Pearl Harbor.[112]

---

[112] https://en.wikipedia.org/wiki/Attack_on_Pearl_Harbor

Pearl Harbor 7. Dezember 1941, 08:06 Uhr Ortszeit: Die „USS Arizona" wird von einer panzerbrechenden 800-kg-Bombe getroffen, die zwischen den vorderen Geschütztürmen das Oberdeck durchschlägt und die beiden Munitionskammern zur Explosion bringt. Der schwimmende Koloss sinkt in nur neun Minuten. Das Bild dokumentiert die ungeheure Wucht der Explosion, bei der 1.177 Männer den Tod fanden. Nur 289 Besatzungsmitglieder überlebten den Angriff. Einer von ihnen war „Seaman 1C James Daniel Lancaster", der später seine Eindrücke von dem vernichtenden Angriff schilderte: „Ich hatte vorher noch nie so viele Flugzeuge in der Luft gesehen. Als ich die aufgehende Sonne unter den Tragflächen sah, wusste ich, was uns bevorstand." Als er zu seiner Gefechtsstation rannte, explodierte mittschiffs eine Fliegerbombe. Nach Luft schnappend kam er im Wasser wieder zu sich. „Das Wasser stand in Flammen. Die Arizona war ein riesiger Feuerball. Um mich herum schrien Männer – ein Schreien, das ich nie mehr vergessen werde." Lancaster tauchte unter dem brennenden Wasser weg und erreichte das Kapitänsboot. Obwohl selbst *schwer verwundet, versuchte er die Schwimmenden um ihn herum zu erreichen. Nachdem er zehn Männer nach Ford Island gebracht hatte, kehrte Lancaster zu einer zweiten Rettungsaktion in das Inferno zurück. Es gelang ihm noch einmal, einige Kameraden aus dem Wasser zu ziehen. Für seine Tapferkeit wurde er mit dem „Purple Heart" ausgezeichnet.*[113]

Die „USS Arizona" auf einem Foto aus dem Jahr 1931. Die „USS Arizona" war ein Schlachtschiff der Pennsylvania-Klasse und eines der kampfstärksten Schiffe der damaligen Zeit. Ihre Versenkung am 07. Dezember 1941 wurde zum Symbol der amerikanischen Demütigung. Am 29. Dezember 1941 wurde das Wrack als Kriegsgrab registriert. Das Schiff liegt in 12

---

[113] http://www.ussarizona.org/stories/uss-arizona-survivor-stories/107-lancaster-james-daniel-usn

Meter Tiefe und ist bis heute für 1.102 Besatzungsmitglieder die letzte Ruhestätte.[114]

24. August 1942, Schlacht um die Östlichen Salomonen: Eine japanische Fliegerbombe schlägt auf dem Flugdeck der „USS Enterprise" ein. Der Fotograf Robert Frederick Read verliert bei dieser Aufnahme sein Leben. Der Flugzeugträger erhielt insgesamt drei Bombentreffer, bei denen 77 Seeleute getötet und 91 verwundet wurden. Tragische Berühmtheit erlangte der Träger, als er nach dem Angriff der Japaner auf Pearl Harbour einen Tag später Pearl Harbour anlief und Flugzeuge vorausschickte, um die Schäden im Hafen festzustellen. Dabei wurden achtzehn der Flugzeuge über Pearl Harbor vom Feuer der eigenen Truppe empfangen, da man an einen erneuten Angriff der Japaner glaubte. Sechs Maschinen wurden abgeschossen und acht Besatzungsmitglieder getötet.[115]

---

[114] https://de.wikipedia.org/wiki/USS_Arizona_(BB-39)
[115] https://de.wikipedia.org/wiki/USS_Enterprise_(CV-6)

Die „USS Enterprise" auf einem offiziellen Foto der U.S. Navy vom 12. April 1939.

28. Juli 1942, Kokoda, Papua-Neuginea: Oberstleutnant Hatsuo Tsukamoto gibt den Angriffsbefehl und führt die japanische Marineinfanterie (5th Sasebo Special Naval Landing Forces) mit gezogenem Samuraischwert zum Sturm auf das Flugfeld von Kokoda und den angrenzenden Ort an.[116] Im Juli 1942 waren die Japaner bei Basabua auf Papua-Neuginea gelandet. Ziel war es, auf dem Landweg über den strapaziösen Kokoda-Trail auf Port Moresby vorzustoßen und den strategisch wichtigen Hafen einzunehmen. Die wechselvollen Kämpfe um Kokoda fanden Ende Juli bis Anfang August 1942 statt, wobei den Japanern auf alliierter Seite australische Truppen gegenüberstanden, die von den USA unterstützt wurden.[117]

---

[116]https://commons.wikimedia.org/w/index.php?search=Hatsuo+Tsukamoto+&title=Special:MediaSearch&go=Go&type=image
[117]https://en.wikipedia.org/wiki/Battle_of_Kokoda

Samuraischwerter in der Materialschlacht: Japanische Soldaten greifen mit infanteristischen Mitteln einen amerikanischen
Stuart-Panzer (offizielle Bezeichnung „Light Tank M3 ") an. Im
Vordergrund links im Bild erwartet ein Offizier mit gezogenem
Samuraischwert mit seinen Männern den Ausstieg der Panzer-
besatzung. Das Foto entstand 1942 während des Pazifikkriegs
auf den Philippinen. Der Pazifikkrieg begann mit dem Ausbruch des Zweiten Japanisch-Chinesischen Krieges am 7. Juli
1937. Nach dem Angriff auf Pearl Harbor am 7. Dezember
1941 traten die USA am Folgetag in diesen Konflikt und damit
in den Zweiten Weltkrieg gegen die Achsenmächte (Deutschland, Italien, Japan) ein. Als westliche Alliierte kämpften
Großbritannien, Australien, Neuseeland und die Niederlande
im Pazifik an der Seite der Amerikaner.[118]

---

[118] https://de.wikipedia.org/wiki/Pazifikkrieg

Frühjahr 1942, Bataan, Zentralregion Luzon, Philippinen: Unter Führung eines Offiziers (Zweiter von rechts mit gezogenem Samuraischwert) geht japanische Infanterie mit dem Flammenwerfer gegen eine gegnerische Bunkerstellung vor. Am 10. Dezember 1941 hatten die Japaner mit der Invasion der Philippinen auf der Insel Luzon begonnen. Die dort stationierten alliierten Einheiten der Amerikaner und Filipinos unter dem Kommando von General Douglas MacArthur waren den Japanern weit unterlegen. Bereits am ersten Tag gelang es japanischen Fliegern, die meisten der am Boden stehenden amerikanischen Maschinen auszuschalten und die Lufthoheit zu erringen. So konnten die Japaner fast ungehindert ihre Bodentruppen an Land bringen. MacArthur beschloss den geordneten Rückzug aller Einheiten auf die Halbinsel Bataan, wo bis zur Kapitulation der Alliierten um jeden Fußbreit Boden erbittert gekämpft wurde.[119]

---

[119] http://de.wikipedia.org/wiki/Pazifikkrieg

9. April 1942, Bataan, Philippinen: Jubelnd recken Offiziere der Kaiserlich Japanischen Armee nach der Kapitulation der alliierten Truppen ihre Samuraischwerter in die Luft. Nach der Kapitulation gerieten rund 70.000 Mann in japanische Kriegsgefangenschaft. Nach der Gefangennahme kam es zum Todesmarsch von Bataan, bei dem die Gefangenen vom Süden der

Halbinsel zu einer etwa 100 km entfernten Bahnstation laufen mussten. Rund 16.000 alliierte Soldaten kamen dabei ums Leben.[120]

Gruppenbild mit Schwertern: Japanische Offiziere nach der Landung auf Bougainville, Papua-Neuguinea. Im März 1942 besetzen die Japaner die Insel und legen mehrere Flugfelder an, um von Bougainville aus ihre 300 km entfernt liegende Marinebasis Rabaul, Papua-Neuginea, zu sichern. Im November 1943 landen für die Japaner unerwartet erste alliierte Truppen bei Kap Torokina. Aufgrund der alliierten See- und Luftüberlegenheit liegen die Japaner in der Folgezeit unter permanenten Luftangriffen und werden vom Nachschub abgeschnitten. Trotzdem leisten sie noch zwei Jahre im Dschungel erbitterten Widerstand. Am 8. September 1945, rund drei Wochen nach der offiziellen Kapitulation Japans, gehen die letzten japanischen Soldaten auf der Insel in Gefangenschaft. Während der

---

[120] http://de.wikipedia.org/wiki/Todesmarsch_von_Bataan

Kämpfe fallen 18.500 Japaner. Die alliierten Verluste werden mit 1.100 Gefallenen angegeben.[121]

26. Oktober 1942, Santa-Cruz-Inseln: Die „USS Hornet" wird von japanischen Marinefliegern angegriffen. Das Foto zeigt einen japanischen Marineflieger, der im Sturzflug auf die „USS Hornet" herunterstößt.

Am 26. Oktober 1942 kreuzte die „USS Hornet" mit Begleitschiffen bei den Santa-Cruz-Inseln, um die japanische Flotte abzufangen. Nach erfolgreicher Aufklärung des japanischen Verbandes starteten ihre 54 Trägerflugzeuge in zwei Wellen. Die Japaner griffen ihrerseits den amerikanischen Verband mit Torpedo- und Sturzkampfbombern an. Warnmeldungen erreichten die „USS Hornet" zu spät. Um 09:10 Uhr Ortszeit erhielt der Träger einen ersten Bombentreffer auf der Steuer-

---

[121] https://de.wikipedia.org/wiki/Bougainville

bordseite des Flugdecks. Drei Minuten später durchschlug ein abstürzendes japanisches Flugzeug das Flugdeck. Die Maschine hatte noch drei Bomben an Bord, von denen zwei beim Einschlag detonierten. Sieben Minuten später prallte ein weiteres Flugzeug der Japaner in die vordere Geschützbatterie an der Backbordseite und explodierte. Schleppversuche durch den Schweren Kreuzer Northampton misslangen wegen der andauernden Angriffe der Japaner. Man sah ein, dass das Schiff nicht zu retten war und gab den Begleitzerstörern Mustin und Anderson den Befehl zum Versenken der Hornet. Sie schossen neun Torpedos und ca. 300 Granaten vom Kaliber 127 mm auf die Hornet ab. Dies reichte für ein schnelles Sinken des Trägers aber nicht aus. Die Hornet wurde daraufhin ihrem Schicksal überlassen. Letztlich gaben ihr die japanischen Zerstörer Makigumo und Akigumo mit vier Torpedos den Fangschuss. Die USS Hornet sank am 27. Oktober 1942 gegen 1:35 Uhr Ortszeit vor den Santa-Cruz Inseln auf 5000 Meter Tiefe. Der Großteil der Besatzung konnte durch Begleitschiffe gerettet werden; trotzdem starben 111 Mann, 108 wurden verwundet. Die „USS Hornet" gehörte wie die „USS Enterprise" und die „USS Yorktown" zur Yorktown-Klasse. Die drei Träger wurden zwischen 1937 und 1941 in Dienst gestellt und bildeten zusammen mit den beiden Flugzeugträgern der Lexington-Klasse („USS Saratoga" und „USS Lexington") zu Beginn des Zweiten Weltkriegs das Rückgrat der amerikanischen Trägerflotte. Die Yorktown wurde in der Schlacht um Midway, die Hornet in der Schlacht bei den Santa-Cruz-Inseln versenkt. Nur die „USS Enterprise" überlebte den Krieg.[122]

---

[122] http://de.wikipedia.org/wiki/USS_Hornet_(CV-8)

Der Schicksalstag der „USS-Hornet": Die Geschützbedienungen an den 40-mm-Bofors-Zwillingsgeschützen feuern, was die Rohre hergeben. Trotzdem gelingt es den zu allem entschlossenen japanischen Piloten, das rasende Sperrfeuer der Schiffsflak zu durchbrechen und ihren Auftrag zu erfüllen.

„Der Weg des Kriegers liegt im Sterben.": Im massiven Abwehrfeuer der Schiffsflak erfüllt sich das Schicksal eines japanischen Marinefliegers.

General Yamashita Tomoyuki, der „Tiger von Malaysia", mit seinem Samuraischwert in Shin-Gunto-Montierung.[123]

---

[123] https://en.wikipedia.org/wiki/Tomoyuki_Yamashita

Yamashita Tomoyuki wird am 8 November 1885 in Osugi auf der Insel Shikoku, Japan, geboren. Seine militärische Ausbildung schließt er 1906 an der Militärakademie von Hiroshima im Rang eines Leutnants ab. Erster Kampfeinsatz 1914 bei der Belagerung von Tsingtau, China. Als Kenner des deutschsprachigen Raums arbeitet Yamashita von 1919 bis 1922 als stellvertretender Militärattaché zunächst in Bern und anschließend in Berlin. Im Juni 1941 besucht Yamashita noch einmal Europa, wo er als Chef einer Militärmission Adolf Hitler und Benito Mussolini trifft.

Aufgrund seines politischen Engagements macht er sich schon früh den späteren Heeres- und Premierminister Tojo Hideki zum Feind. Als Yamashita während des Zweiten Japanisch-Chinesischen Kriegs als Kommandierender General der Gemischten Garnisonsbrigade und später als Stabschef der Regionalarmee Nordchina wiederholt dafür plädiert, den Konflikt mit China schnellstmöglich zu beenden, um die guten Beziehungen zu Großbritannien und den USA nicht zu gefährden, wird er im September 1939 weitab vom Kampfgeschehen als Kommandierender General der 4. Division der Kwantung-Armee kaltgestellt. Zurück in Japan wird er nach kurzer Zeit beim Obersten Kriegsrat auf Befehl von Heeresminister Tojo Hideki erneut in die mandschurische Verbannung geschickt.

Im November 1941 übernimmt Yamashita das Kommando über die 2. Armee, die am 8. Dezember 1941 in Malaysia landet. Da seine Streitkräfte nur ein Drittel der ihm gegenüberstehenden alliierten Streitkräfte betragen, entschließt er sich, zermürbende Stellungskämpfe zu vermeiden und schnellstmöglich durch Malaysia auf Singapur vorzustoßen. Ihm ist klar, dass er nur durch einen schnellen Vormarsch, der nicht ins Stocken geraten darf, den Sieg erringen kann.

Lagebesprechung im Dschungel von Malaysia. Generalleutnant Yamashita, im Vordergrund Dritter von rechts mit seinem Samuraischwert, das ihn bis zur Kapitulation begleitete. Das Schwert wurde im 17. Jahrhundert von Fujiwara Kanenaga geschmiedet.[124]

Yamashita gelingt das schier Unmögliche. Am 15. Februar 1942 fällt die wichtigste Britische Marinebasis Singapur, die als uneinnehmbar gilt, wobei Yamashita mit etwa 30.000 Mann der Kaiserlich Japanischen Armee 80.000 Britische, Indische und Australische Soldaten gefangen nimmt. Diese militärische

---

[124] https://en.wikipedia.org/wiki/Japanese_invasion_of_Malaya

Glanzleistung bringt Yamashita den Ehrennamen „Tiger von
Malaysia" ein. Der damalige Britische Premierminister Winston Churchill bezeichnet den Fall Singapurs als Schande und
größte Katastrophe und gravierendste Kapitulation in der britischen Militärgeschichte.[125]

Als Yamashita eine Audienz bei Kaiser Hirohito gewährt werden soll, ordnet Tojo Hideki, mittlerweile Premierminister,
erneut seine Versetzung an, um dies zu verhindern. Yamashita
wird rückwirkend zum 1. Juli 1942 zum Oberbefehlshaber der
1. Regionalarmee ernannt, die an der mandschurisch-sowjetischen Grenze stationiert ist. Auf diesem Posten wird er im Februar 1943 zum General befördert. Als sich die militärische Lage für Japan weiter zuspitzt, wird General Yamashita nach dem
Sturz des Kabinetts Tojo Hideki von der neuen Regierung aus
seinem Exil in China zurückberufen und erhält am 26. September 1944 den Oberbefehl über die auf den Philippinen stationierte 14. Regionalarmee, um die Verteidigung gegen eine bevorstehende alliierte Invasion zu organisieren.

Hierzu hat General Yamashita keine Zeit mehr, denn bereits 10
Tage nach seiner Ankunft in Manila landen am 20. Oktober
1944 alliierte Truppen auf Leyte. Mit dem Vormarsch der Alliierten ab Anfang Januar 1945 befiehlt General Yamashita die
Räumung Manilas und den Rückzug auf besser zu verteidigende Stellungen im Umland. Angesichts der erdrückenden Übermacht begibt sich General Yamashita Tomoyuki am 14. August ins alliierte Hauptquartier, um über die Kapitulation seiner
Truppen zu verhandeln. Am 2. September 1945 unterzeichnet
er die Kapitulation und übergibt dabei auch sein Samuraischwert, das im 17. Jahrhundert von Fujiwara Kanenaga geschmiedet wurde und das ihn auf allen Feldzügen begleitet

---

125 https://en.wikipedia.org/wiki/Battle_of_Singapore

hatte. Das Schwert ist heute im West Point Military Museum in New York ausgestellt.

Während der Invasion Malaysias war es durch japanische Soldaten zu Übergriffen auf Kriegsgefangene und Zivilisten gekommen. Bis heute ist umstritten, ob General Yamashita für diese Übergriffe überhaupt verantwortlich gemacht werden konnte, weil er sie nicht verhindern konnte. Er ließ jedoch einen Offizier, der die Ermordung von Patienten und Angestellten eines britischen Militärhospitals zu verantworten hatte und Soldaten, denen Plünderungen zur Last gelegt worden waren, hinrichten und entschuldigte sich bei den Überlebenden.[126] Weiter war es bei der Schlacht um Manila, die Vizeadmiral Iwabuchi Sanji zu verantworten hatte, weil er sich General Yamashitas Befehl zur Räumung Manilas widersetzt hatte, zu blutigen Kämpfen gekommen, bei denen auch geschätzt 100.000 philippinische Zivilisten durch Massaker japanischer Truppen ums Leben kamen.[127]

Infolge dieser und weiterer durch japanische Soldaten in Singapur und auf den Philippinen verübter Kriegsgreuel wurde General Yamashita vor ein US-Militärgericht gestellt und als Kriegsverbrecher angeklagt. Der Prozess begann am 29. Oktober 1945 und endete am 7. Dezember 1945 mit einem Schuldspruch und der Verurteilung General Yamashitas zum Tod durch den Strang. Der Fall wurde als „Yamashita-Standard" bekannt und ging in die Militärgerichtsbarkeit als Präzedenzfall für die Vorgesetztenverantwortlichkeit von Offizieren ein, wenn unter ihrem Oberkommando Kriegsverbrechen begangen werden, auch wenn sie diese nicht befohlen haben oder nicht hätten verhindern können. Am 23. Februar 1946 wurde das Urteil gegen General Yamashita im Gefängnis von Los Baños,

---

[126]https://de.wikipedia.org/wiki/Schlacht_um_Singapur#Das_Massaker_im_ Alexandra-Hospital

[127]https://de.wikipedia.org/wiki/Schlacht_um_Manila_(1945)

Philippinen, vollstreckt. Nachdem er den Galgen bestiegen hatte, wandte er sich mit letzten Worten an die Anwesenden:

"As I said in the Manila Supreme Court that I have done with my all capacity, so I don't shame in front of the gods for what I have done when I have died. But if you say to me "you do not have any ability to command the Japanese Army" I should say nothing for it, because it is my own nature. …When I have been investigated in Manila court I have had a good treatment, kindful attitude from your good natured officers who all the time protected me. I never forget for what they have done for me even if I had died. I don´t blame my executioner. I´ll pray the gods bless them. Please send my thankful word to Col. Clarke and Lt. Col. Feldhaus, Lt. Col. Hendrix, Maj. Guy, Capt. Sandburg, Capt. Reel, at Manila court, and Col. Arnard. I thank you."

„Wie ich schon vor dem obersten Gerichtshof in Manila gesagt habe, handelte ich nach bestem Wissen und Gewissen, so dass ich mich vor den Göttern nicht schämen muss, wenn ich sterbe. Aber wenn sie zu mir sagen, „Sie haben keine Fähigkeiten, die japanische Armee zu kommandieren", werde ich dazu nichts sagen, weil ich mich dafür nicht rechtfertigen muss. …Als in Manila gegen mich ermittelt wurde, wurde ich von Ihren höflichen Offizieren, die mich die ganze Zeit bewacht haben, gut und mit Anstand behandelt. Selbst wenn ich gestorben wäre, hätte ich ihnen das nie vergessen. Ich beschuldige meinen Henker nicht. Ich bete dafür, dass die Götter ihn segnen. Bitte übermitteln Sie meinen Dank an Col. Clarke und Lt. Col. Feldhaus, Lt. Col. Hendrix, Maj. Guy, Capt. Sandburg, Capt. Reel am Manila-Gerichtshof und Col. Arnard. Ich danke ihnen."

„Der Prozess wurde von Anfang an und seitdem wiederholt scharf kritisiert. So mangelte es vielen der an der Anklage beziehungsweise dem Schuldspruch beteiligten amerikanischen Offizieren an Fronterfahrung und sie hatten vorher, wenn überhaupt, nur eine ungenügende Ausbildung in den Rechtswissenschaften erhalten. Darüber hinaus beklagten die Verteidiger Yamashitas, dass sie zu wenig Zeit zur Vorbereitung der Verteidigung ihres Mandanten erhalten hätten und Anträge auf eine Verschiebung des Prozessbeginns abgelehnt oder ignoriert worden waren. Die Beteiligung vieler auf Rache für die japanische Besetzung sinnender Filipinos sowie die Auswirkungen langjähriger verhetzender Propaganda gegen Yamashita heizten die Stimmung während des Prozesses so weit auf, dass der Schiedsspruch des Gerichts als nicht objektiv gilt. Vielfach wird der Prozess auch als Privatfehde von General Douglas MacArthur gesehen, der sich so für die japanische Besetzung „seiner" Philippinen rächen wollte. Darüber hinaus verlangte MacArthur, dass in diesem ersten Kriegsverbrecherprozess gegen einen Japaner ein Exempel statuiert werden sollte, das als Vorbild für eine harte Abhandlung anderer Angeklagter in den bevorstehenden Tokioter Kriegsverbrecherprozessen dienen sollte."[128]

Für General Yamashita Tomoyuki erfüllte sich der Weg des Kriegers auf tragische Weise. Die Haltung, mit der er in den Tod ging, verdient größten Respekt. Ohne Furcht vor dem Tod und in der Überzeugung, sich vor den Göttern nicht schämen zu müssen, bittet er sie, seinen Henker zu segnen. Das Kriegsgeschehen und das Urteil durch ein US-Militärtribunal offenbaren die Willkür und die Doppelmoral des Siegers, der den Besiegten trotz erheblicher Zweifel an seiner Schuld schuldig spricht, um ein Exempel zu statuieren, während der Sieger ohne Not und bis heute ungesühnt durch zwei Atombombenabwürfe über Hiroshima und Nagasaki rund eine Viertelmillionen Zivilisten umbrachte, die entweder unmittelbar bei den Abwür-

---

[128]https://de.wikipedia.org/wiki/Yamashita_Tomoyuki

fen ums Leben kamen oder unter den atomaren Spätfolgen grausam litten und starben.[129]

Die Feststellung, dass die Bombenabwürfe ohne Not geschahen und in erster Linie Entscheidungen waren, die aus machtpolitischen Erwägungen getroffen wurden, kommt nicht von ungefähr. Am 28. Mai 1945 hatte der damalige US-Botschafter in Moskau an Harry S. Truman, der nach dem Tod von Franklin D. Roosevelt am 12. April 1945 die Präsidentschaft der Vereinigten Staaten von Amerika angetreten hatte, telegrafiert, dass sowjetische Truppen für den Krieg gegen Japan in der Mandschurei Stellung bezogen hätten. „Japan wisse, dass es verloren sei. Da Japans Regierung jedoch nicht bedingungslos kapitulieren werde, habe Stalin vorgeschlagen, ein japanisches Friedensangebot anzunehmen und dann die eigenen Ziele durch gemeinsame Besetzung und Verwaltung Japans durchzusetzen.“[130] Deshalb stellte der Historiker Gar Alperovitz bereits 1965 die Behauptung der US-Regierung, mit den Atombombenabwürfen über Hiroshima und Nagasaki habe man das Leben amerikanischer Soldaten schonen wollen, in Frage. Die Abwürfe hätten vielmehr dem Zweck gedient, die Sowjetunion vom weiteren Vorrücken in Fernost abzuschrecken und ihr die Macht der USA zu demonstrieren.[131] Andere Forscher erklären die Abwurfbefehle darüber hinaus damit, dass der Einsatz der Atombomben die hohen Entwicklungskosten von zwei Milliarden Dollar rechtfertigen sollte und ihre Wirkungsweise an realen Zielen getestet werden sollte. Auch rassistische Beweggründe werden genannt, bis hin zur Darstellung der Einsätze

---

[129]https://de.statista.com/statistik/daten/studie/1086264/umfrage/geschaetzte-zivile-todesopfer-und-verletzte-in-hiroshima-und-nagasaki/

[130]https://de.wikipedia.org/wiki/Atombombenabwürfe_auf_Hiroshima_und_Nagasaki#Gegner_der_Abwürfe

[131]Alperovitz, Gar, Atomic Diplomacy: Hiroshima and Potsdam, Vintage Books 1965

als Völkermord.[132] [133] So war besonders der Einsatz der Atombombe in Nagasaki laut Martin Sherwin „bestenfalls sinnlos, schlimmstenfalls Völkermord".[134]

Auch General Dwight D. Eisenhower berichtete später, er habe Präsident Truman vom Einsatz der Atombombe abgeraten, weil die Japaner bereits Kapitulationsbereitschaft signalisiert hatten und die Vereinigten Staaten solche Waffen nicht als erste einsetzen sollten. Doch Truman schrieb in sein Tagebuch: „Ich glaube, dass die Japsen klein beigeben werden, ehe Russland eingreift."[135] Diese rücksichtslose Politik der verbrannten Erde und Trumans scheinbarer Hass auf die Japaner spiegelt sich auch in Absatz 3 der „Potsdamer Erklärung" vom 26. Juli 1945 wider, wo es heißt: „Die volle Anwendung unserer militärischen Macht, gepaart mit unserer Entschlossenheit, bedeutet die unausweichliche und vollständige Vernichtung der japanischen Streitkräfte und ebenso unausweichlich die Verwüstung des japanischen Heimatlandes."[136] Wenn man berücksichtigt, dass Truman einen Tag vor Beginn der Konferenz die Nachricht erhalten hatte, dass die Vereinigten Staaten in der Wüste von New Mexico erfolgreich eine Atombombe gezündet hatten, ist die Formulierung in Absatz 3 der Potsdamer Erklärung ein starkes Indiz, dass Truman bereits zum damaligen Zeitpunkt entschlossen war, die Bombe einzusetzen.

---

[132]Hill, P. Joshua, Professor Koshiro,Yukiko, Remembering the Atomic Bomb, FreshWriting 15 December 1997

[133]Knauß, Ferdinand, Ein Experiment mit 70.000 Toten. Zeit Online, 2009, https://www.zeit.de/online/2009/35/atombombe-hiroshima

[134]Scherer, Klaus, Interview mit Martin Sherwin, 3. August 2015, https:// www.cicero.de/aussenpolitik/atombombe-auf-nagasaki-japan-haette-auch-ohne-bombe-kapituliert/59654

[135]https://de.wikipedia.org/wiki/Atombombenabwürfe_auf_Hiroshima_und_Nagasaki#Gegner_der_Abwürfe

[136]https://teachingamericanhistory.org/library/document/potsdam-declaration/

„Militärisch waren die Bomben tatsächlich nicht nötig, und ethisch waren sie ohnehin nicht zu rechtfertigen. Das bestätigten nach dem Krieg viele hochrangige Generäle, die selbst darüber entsetzt waren. Der Entschiedenste war Trumans eigener Stabschef, Admiral William Leahy, der dem Präsidenten vorwarf, er habe ihn in die Irre geführt. Leahy habe die Atombombe als Massenvernichtungswaffe verurteilt. Truman habe ihm deshalb eigens versichert, damit nur militärische Ziele anzugreifen.

In Wahrheit habe Amerika dann aber auch so viele Zivilisten wie möglich getroffen. Leahy war darüber ebenso empört wie seine Kollegen Eisenhower, Nimitz, Spaatz und Arnold. Fast alle Top-Militärs widersprachen, wir können die ganze Liste durchgehen. Alle wussten, dass Japan längst besiegt war und kapitulieren wollte. Wie konnte unser Land das erste sein, kritisierten sie, das da noch diese schreckliche Bombe einsetzte?

Tatsächlich kam eine US-Untersuchung nach dem Krieg zu dem Schluss, dass in offiziellen Befragungen, Tagebüchern und anderen privaten wie öffentlichen Quellen alle führenden Militärs bestätigten, der Einsatz der Bombe sei nicht aus militärischer Notwendigkeit erfolgt. Leahy sprach in seinen Memoiren ausdrücklich von ethischen Standards, die unter Barbaren finsterer Zeiten üblich waren. Man habe ihn als Soldat nicht gelehrt, dass man Kriege auf diese Art führe. Sie könnten nicht dadurch gewonnen werden, indem man Frauen und Kinder zerstört."[137] Soweit der US-amerikanische Historiker Martin Sherwin, laut Klaus Scherer der wohl ausgewiesenste Kenner der Biographie Robert Oppenheimers und der Geschichte der Atombomben.

---

[137] Scherer, Klaus, Interview mit Martin Sherwin, 3. August 2015, https:// www.cicero.de/aussenpolitik/atombombe-auf-nagasaki-japanhaette-auch-ohne-bombe-kapituliert/59654

14. August 1945, Baguio, Philippinen: General Yamashita To-moyuki geht seinem Stab auf dem Weg ins alliierte Hauptquartier voran, um über die Kapitulation zu verhandeln.[138]

---

[138] https://en.wikipedia.org/wiki/Tomoyuki_Yamashita

"Das Schwert ist die Seele des Samurai. Wer es verliert, ist entehrt und der strengsten Strafe verfallen." Der bitterste, wenn nicht gar endgültige Augenblick im Leben eines Samurai. Das im Dezember 1945 veröffentlichte Foto zeigt Generalmajor W. A. Crowther, Britischer Kommandeur der 17. Indischen Division, der in Thaton, nördlich Moulmein, Burma, die

147

Schwerter der Oberbefehlshaber der 3. Japanischen Armee entgegennimmt.[139]

Von oben nach unten: Generalleutnant Takenhara, Kommandeur der 49. Japanischen Division. Unten links: Oberst Nakeo, Kommandeur des 168. Japanischen Regiments. Unten rechts: Generalleutnant Kawada, Kommandeur der 31. Japanischen Division. Die 31. Japanische Division kämpfte unter seinem Kommando gegen britische und indische Verbände in Kohima. Am 08. März 1944 hatten die Japaner vom besetzten Burma aus eine Offensive im Nord-Osten Indiens begonnen, um die dort verlaufenden alliierten Versorgungswege aus Britisch-Indien abzuschneiden. Die japanische Offensive konnte jedoch in den Schlachten um Kohima und Imphal gestoppt werden. Ein großer Soldatenfriedhof in Kohima erinnert bis heute an die auf beiden Seiten verlustreichen und erbittert geführten Kämpfe, die in die Geschichte des Pazifikkriegs eingingen.[140]

---

[139] British Official Photograph, December 1945
[140] https://de.wikipedia.org/wiki/Kohima

神風
Kamikaze

„Wird man mit zwei Alternativen konfrontiert, Leben oder Tod, so soll man ohne Zögern den Tod wählen." Im Bewusstsein seines unabwendbaren Schicksals besteigt ein Pilot der Shimpu Tokkotai mit seinem Samuraischwert die Flugzeugkanzel zu seinem letzten Flug.

In einem Buch, das die Bedeutung von Samuraischwertern in der Materialschlacht thematisiert, muss auch an jene japanischen Piloten erinnert werden, die seit dem Pazifikkrieg durch ihre todesverachtenden Selbstmordangriffe gegen alliierte Flottenverbände den Begriff „Kamikaze" weltberühmt gemacht haben. Denn auch diese Piloten nahmen ihre Schwerter mit an Bord ihrer Maschinen, wenn sie zu ihrer letzten Mission starteten. Dabei nahmen die Todgeweihten aufgrund der Enge in den Cockpits neben Katana oder Tachi auch kürzere Wakizashi oder Tanto mit auf ihren letzten Flug. So begleitete die stählerne Seele der Samurai auch Japans Ritter der Moderne auf ihrem Weg in den Tod.

Es ist schon viel über Kamikaze-Einsätze und die Männer, die sie flogen, geschrieben worden. Deshalb soll hier nur kurz auf die Entstehung und den Auftrag der Kamikaze-Verbände eingegangen werden. Stattdessen erscheint es aufgrund der Thematik dieses Buches zielführender, die Beweggründe jener Männer zu hinterfragen, die bei klarem Verstand in Erwartung ihres sicheren Todes zu ihrem letzten Flug aufbrachen. Dabei wird offenkundig, dass sie eher nicht dem Klischee jener verblendeten Fanatiker entsprachen, für die die japanischen Piloten häufig gehalten wurden. Vielmehr erinnern ihre Beweggründe an den Ehrenkodex und das Pflichtbewusstsein der Samurai. Die Überzeugung, dass es besser war, zu sterben, anstatt besiegt der Schande anheimzufallen, war tief im Denken der Japaner verwurzelt. Die Ehre, die persönliche und die Familienehre, besaßen in Japan traditionell den höchsten Stellenwert. Auch dadurch kam es zur Meldung von Freiwilligen. Aber auch der Gruppenzwang und ein daraus resultierender hoher Erwartungsdruck, der das Handeln innerhalb der japanischen Gesellschaft bis heute maßgeblich bestimmt, mag manchen der meist jungen Piloten zu seiner Entscheidung getrieben haben.

Zunächst soll aber noch kurz auf den historischen Ursprung des Begriffs „Kamikaze" eingegangen werden, der in der westlichen Welt durch die überwiegende Verwendung im Zusammenhang mit den Selbstmordangriffen mehr und mehr in Vergessenheit gerät.

Nachdem die Mongolen zuvor China und Korea unterworfen hatten, versuchten sie gegen Ende des Dreizehnten Jahrhunderts zweimal, Japan zu erobern. Das erste Mal landeten sie 1274 mit einer geschätzten Streitmacht von 900 Schiffen und 30.000 Mann in der Bucht von Hakata auf der Insel Kyushu im Süden Japans. Die zahlenmäßig weit unterlegenen Samurai wehrten sich verzweifelt gegen die erdrückende Übermacht, bis ein gewaltiger Sturm die Invasionsflotte vernichtete. 1281 kehrten die Mongolen noch einmal zurück. Mit einer Armada aus 4500 Schiffen und geschätzten 140.000 Mann griffen sie Japan erneut an. Doch diesmal waren die Samurai auf den Angriff vorbereitet. Mit kleinen, wendigen Booten enterten sie die Schiffe ihrer Gegner, setzten sie in Brand und töteten die Besatzungen im Kampf Mann gegen Mann. Landeinwärts verhinderte eine gigantische, 20 Kilometer lange Steinmauer in der Bucht von Hakata das weitere Vorrücken der Angreifer. Nach zwei Monaten erbitterter Kämpfe schickte ein Taifun die Invasionsflotte abermals auf den Grund des Meeres. Die Mongolen, die ca. 100.000 Mann verloren hatten, erlebten die größte Niederlage ihrer Geschichte. Im festen Glauben, dass beide Male die Götter den Sturm heraufbeschworen hatten und ihnen so zu Hilfe geeilt waren, nannten die Japaner die Stürme „Kamikaze" („Göttlicher Wind"). Doch zurück zu den japanischen Kampffliegern des Zweiten Weltkriegs.

神風特攻隊
Shimpu Tokkotai

Die Piloten, die die Kamikaze-Einsätze flogen, gehörten den *Shimpu Tokkotai* an. Die *Shimpu Tokkotai* waren Luftkampfverbände der Kaiserlichen Marine, die kurz vor Ende des Zweiten Weltkriegs aus Marinefliegern rekrutiert wurden und aufgrund ihrer gefürchteten Angriffe gegen alliierte Flottenverbände in die Geschichte eingingen. *Tokkotai* war die militärische Abkürzung für *Tokubetsu Kogekitai („Spezialangriffstruppe")*. Gründer dieser Truppe war *Admiral Onishi Takijiro*, der im Oktober 1944 den Befehl über die 1. Kaiserlich-Japanische Luftflotte auf Luzon übernahm.

Drei Monate zuvor hatte vom 19. bis 20. Juni 1944 bei den Marianen die größte Trägerschlacht des Pazifikkriegs getobt, bei der die Japaner empfindliche Verluste hinnehmen mussten. Ursächlich für den Ausgang der Schlacht waren die enormen wirtschaftlichen Anstrengungen der USA, die zur raschen Aufrüstung der amerikanischen Pazifikflotte und dem Einsatz verbesserter Waffensysteme geführt hatten. Die zahlenmäßige Überlegenheit der US-Marine, der Einsatz neuer gepanzerter Jagdflugzeuge und die Bestückung der Schiffe mit einer nie dagewesenen Zahl von Flugabwehrgeschützen bestimmten maßgeblich den Ausgang der Schlacht, die für Japan mit drei versenkten Flugzeugträgern und über 400 zerstörten Flugzeugen endete.

Die Gründe für die enormen Verluste der japanischen Luftwaffe lagen zum einen in der mangelnden Erfahrung der jungen Piloten, zum anderen in von den Amerikanern neu entwickelten Luftkampftaktiken. Aufgrund von Untersuchungen der Flugleistung erbeuteter japanischer Flugzeuge hatten die Amerikaner herausgefunden, dass die japanischen Motoren in bestimmten Höhen und bei bestimmten Geschwindigkeiten katastrophale Leistungslücken aufwiesen. In Flughöhen über 2000 Meter waren die amerikanischen Maschinen den japanischen eindeutig überlegen. Aufgrund dieser Erkenntnisse verleiteten die Amerikaner die japanischen Piloten zum Angriff in größerer Höhe. Die jungen japanischen Piloten waren zu unerfahren, um diese Taktik der Amerikaner zu durchschauen. Anstatt sich umgekehrt in eine Position in niedriger Höhe zu begeben, wo ihre Flugzeuge den amerikanischen an Wendigkeit überlegen gewesen wären, folgten sie den Amerikanern in große Höhen und wurden dort in aussichtslose Luftkämpfe verwickelt. Diese Luftschlacht ging später als *„Truthahnschießen"* (*„The Marianas Turkey Shoot"*) in die Kriegsgeschichte ein.[141]

Nach dieser Niederlage standen *Onishi* nicht mehr genug Kampfflugzeuge zur Verfügung, um die US-Trägerflotte durch schlagkräftige Bombenangriffe entscheidend zu treffen. Auf Anraten des *Tenno* soll er sich deshalb dazu entschieden haben, die wenigen verbliebenen Flugzeugbesatzungen in Selbstmordangriffen zu opfern[142]. Wahrscheinlicher ist aber, dass Kaiser Hirohito von den Plänen *Onishis* zur Aufstellung der *Shimpu Tokkotai* nichts wusste. Denn der *Tenno* als direkter Nachfahre der Sonnengöttin *Amaterasu* war mehr spirituelles Oberhaupt Japans. Die Beteiligung an der Tagespolitik oder die Ausgabe von Befehlen lag weder in seiner Kompetenz noch wurde dies von ihm erwartet. Die Macht lag ausschließlich bei der Militärregierung. Als man Kaiser Hirohito vom ersten erfolgreichen Selbstmordangriff berichtete, soll er den Erfolg begrüßt, das Schicksal des Piloten aber bedauert haben.[143]

---

[141] Barrett Tillman, Carrier Battle in the Philippine Sea: The Marianas Turkey Shoot, Specialty Press, 1994
[142] https://de.wikipedia.org/wiki/Ōnishi_Takijirō
[143] https://de.wikipedia.org/wiki/Shimpū_Tokkōtai

Admiral Onishi Takijiro, Gründer der Shimpu Tokkotai.

Neben militärischen sollen bei der Aufstellung der *Shimpu To-kkotai* auch Propaganda-Überlegungen eine Rolle gespielt haben. Der freiwillige Opfertod der Piloten sollte weiteren Rekruten als Ansporn dienen, den gefallenen Helden auf ihrem ruhmreichen Weg zu folgen. Dabei akzeptierte die Marine für die

Shimpu Tokkotai nur Freiwillige. „Verheiratete, Erstgeborene und einzige Söhne wurden abgelehnt."[144] Dies führte im Fall des *Oberleutnants zur See Hajime Fujii (Kaigun-Chui Hajime Fujii)* dazu, dass sich seine Ehefrau mitsamt den beiden Kindern ertränkte, damit er seine Schüler in den Tod begleiten konnte.

Hajime Fujii wurde am 30. August 1915 in Joso, Präfektur Ibaraki, Japan, geboren. Als junger Mann entschied er sich für eine Laufbahn in der Armee und nahm am Zweiten Japanisch-Chinesischen Krieg (7. Juli 1937 – 9. Sept. 1945) teil. Nach einer Verwundung lernte er im Feldlazarett seine spätere Frau Fukuko kennen, die dort als Krankenschwester arbeitete. Aus der Ehe gingen zur großen Freude von Hajime und Fukoku zwei entzückende Töchter, Kazuko und Chieko, hervor. Aufgrund seiner Verwundung kam Hajime Fujii nicht zurück an die Front, sondern wurde an die Army Air Corps Academy versetzt, wo er 1943 seinen Abschluss machte. Da es seine Verwundung an der Hand nicht zuließ, dass er selbst fliegen konnte, bildete er als Kompaniechef der Kumagaya Army Aviation School in Kaitama junge Piloten in Charakter und mentaler Stärke aus.

Als auch seine Schüler für Kamikaze-Einsätze ausgesucht wurden, entschied er sich, sie auf ihrem letzten Flug zu begleiten, weil er sie nicht allein in den Tod gehen lassen wollte. Er stellte einen entsprechenden Antrag, der abgelehnt wurde. Die Entscheidung, seine Schüler zu begleiten, entsprang keineswegs fanatischer nationalistischer Verblendung, sondern einem wohlüberlegten und schwerwiegenden Entschluss, der mit größtem Respekt als die wohl konsequenteste Form der Wahrnehmung von Verantwortung angesehen werden muss, die ein Vorgesetzter für ihm anvertraute Männer übernehmen kann. Denn als immer mehr seiner Schüler zu Tokko-Einsätzen ab-

---

[144] https://de.wikipedia.org/wiki/Shimpū_Tokkōtai

kommandiert wurden und nicht zurückkehrten, quälte Hajime Fujii der Gedanke, dass er die ihm anvertrauten jungen Piloten verriet. Während er sie weltanschaulich indoktrinierte und in ihnen Loyalität und Patriotismus beschwor, blieb er zurück, während seine Schüler den Tod fanden. „Er fühlte sich wie ein Heuchler, weshalb er erneut an die Armee appellierte, ihn sterben zu lassen."[145] Auch diese zweite Bitte wurde abgelehnt. Seine Frau Fukoku begriff, dass ihr Mann für immer unter dem persönlich empfundenen Verrat an seinen Schülern leiden und seine Ehre verlieren und so der Schande anheimfallen würde. Und Fukoku und seine Kinder würden die Ursache für seinen Ehrverlust und seine Schande sein, weil er als Verheirateter für einen Tokko-Einsatz nicht in Frage kam.

„Am Morgen des 14. Dezember 1944, während ihr Mann in Kumagaya war, kleidete sich Fukuko in ihren schönsten Kimono. Das Gleiche tat sie mit der dreijährigen Kazuko und der einjährigen Chieko. Schließlich schrieb sie ihrem Mann einen Brief, in dem sie ihn aufforderte, seine Pflicht gegenüber dem Land zu erfüllen und sich keine Sorgen um seine Familie zu machen. Sie würden auf ihn warten. Dann wickelte sie Chieko in einen Stoffrucksack und schnallte sich das Baby auf den Rücken. Sie nahm Kazuko an die Hand und ging zum Arakawa-Fluss in der Nähe der Schule, in der ihr Mann unterrichtete. Sie nahm ein Seil, band Kazukos Handgelenk an ihr eigenes und sprang in das eiskalte Wasser. Die Polizei fand die Leichen später am Morgen und Hajime Fujii wurde an den Ort gebracht, wo sie aufgebahrt lagen."[146]

---

[145] https://www.warhistoryonline.com/world-war-ii/the-tragic-tale-of-hajime-fujii-a-kamikaze-fighter.html
[146] https://www.warhistoryonline.com/world-war-ii/the-tragic-tale-of-hajime-fujii-a-kamikaze-fighter.html

Am folgenden Abend schrieb Hajime Fujii einen Brief an seine Frau Fukuko und seine Töchter:

„Es war ein stürmischer und kalter Tag im Dezember.

Ihr habt euer Leben im Arakawa-Fluss verloren. Ihr seid mit eurer Mutter gestorben, bevor ich sterbe, damit ich meiner Bestimmung folgen und mein Leben für mein Land geben kann.

Ich trauere um den Tod meiner kleinen Kinder. Ich halte euch, ihr Lieben, die ihr gestorben seid, als würdet ihr lächeln.

Ich werde bald nachkommen. Wenn wir uns das nächste Mal sehen, lass mich dich ohne zu zögern in die Arme nehmen und mit dir an meiner Brust ins Bett gehen.

Bitte warte auf mich ohne zu weinen, bis ich zu dir komme.

Liebe Kazuko-chan, bitte kümmere dich um Chieko-chan, wenn sie weint.

Nun, auf Wiedersehen für eine Weile.

Ich werde sicher sehr ehrenhaft an der Front dienen und ich werde zu euch kommen.

So, Kazuko-chan und Chieko-chan, bitte wartet bis dahin auf mich.“[147]

Dann schnitt er sich den kleinen Finger ab und schrieb mit seinem Blut seinen dritten Antrag an die Armee. Der Brief an seine Frau und seine Kinder wird im Chiran Peace Museum in Minamikyushu-shi, Präfektur Kagoshima, Japan, aufbewahrt.

---

[147] http://www.chiran-tokkou.jp/learn/pilots/FujiiHajime.html

Am 8. Februar 1945 wurde Hajime Fujii zum Kommandeur der 45. Shinbu-Staffel ernannt, die er Kaishin („Fröhlicher Geist") taufte. Kurz vor der Morgendämmerung des 28. Mai 1945 machten sich die neun Flugzeuge des Typs *Kawasaki Ki-45* mit jeweils einem Piloten und einem Bordschützen an Bord auf den Weg nach Okinawa. Nördlich von Okinawa, 50 Meilen vor der Küste trafen sie auf einen amerikanischen Flottenverband, der neben anderen Zerstörern auch von dem Zerstörer „USS Drexler" eskortiert wurde. Dr. Rex Davis, der damals als Quartiermeister auf einem der Begleitschiffe diente, berichtete später:

„Plötzlich erhielt die Drexler einen Treffer. Ein zweimotoriger Bomber war zerschossen worden, hatte es aber geschafft. Wild trudelnd und brennend flog er fast stolpernd in die Drexler hinein und paralysierte sie. …Sie wurde nun von einem anderen zweimotorigen Bomber angegriffen, der von zwei *Corsairs* verfolgt wurde. Als der Bomber seinen Sturzflug auf die Drexler vollenden wollte, verfehlte er sein Ziel. Er überflog und war so niedrig, dass es so aussah, als ob er ins Meer fallen würde. Aber das tat er nicht, denn er strich nur knapp über das Wasser. Dann erhob er sich und drehte nach links ab. Die *Corsairs*, die ihn verfolgten, waren zu schnell, um dem drehenden Bomber zu folgen. Der japanische Pilot manövrierte geschickt und es war für uns, die wir viele Kamikaze-Einsätze gesehen hatten, offensichtlich, dass dies kein neuer, unerfahrener Pilot war. Er flog sein Flugzeug in einen (durch Flak) ungeschützten Bereich achtern mittschiffs vor die Torpedo-Rohre. Alles explodierte, als die Maschine die Drexler traf und einen Teil des aufgerissenen Schiffs in den Himmel schickte, während der größte Teil des Schiffs auseinanderbrach und sich dem Meer öffnete. Zunächst war die Drexler von einer Rauchwolke verdeckt. Ich hatte mir die Zeit notiert, als sie getroffen wurde, und als sie wieder sichtbar wurde, war der Bug hoch und ging schnell unter. In 49 Sekunden, nachdem sie vom zweiten Kamikaze getroffen wurde, war sie weg.“[148]

In einer der Maschinen saß Oberleutnant zur See Hajime Fujii als Bordschütze. Er wurde posthum zum Major befördert.[149] Wünschen wir ihm, dass er bei seiner Familie ist.

Oberleutnant zur See Hajime Fujii

[148] http://www.kamikazeimages.net/stories/lcsl114/index.htm
[149] http://www.chiran-tokkou.jp/learn/pilots/FujiiHajime.html

Wie wir heute wissen, war auch der später von der japanischen Propaganda zu einem gottähnlichen *Kami* hochstilisierte Pilot *Seki Yukio*, der den ersten erfolgreichen Kamikaze-Einsatz des Zweiten Weltkriegs anführte, kein fanatischer Heißsporn. Am 29. August 1921 in *Iyo Saijo*, einer Kleinstadt in der *Präfektur Shikoku* geboren, begeistert sich *Seki* bereits als Schüler für die Marine. Mit 17 Jahren bewirbt er sich an der Kaiserlichen Marine-Akademie und tritt nach erfolgreichem Abschluss seinen Dienst zunächst auf dem Schlachtschiff *Fuso* an. Nach seiner Beförderung zum Leutnant wird er auf den Flugzeugträger *Chitose* versetzt. Im Verlauf des Krieges bewährt sich *Seki* in verschiedenen Gefechten, darunter auch in der *Schlacht von Midway*. 1942 kehrt er nach Japan zurück und wird in die Akademie für Marineflieger aufgenommen. Nach der Ausbildung zum Träger-operierenden Stuka-Piloten wird *Seki* im Januar 1944 aufgrund seines Talents und herausragenden Könnens als Fluglehrer abkommandiert.

Im Oktober 1944 wird *Seki* Führer der 301. Kampfstaffel und zum 201. Marineflieger-Geschwader auf die Philippinen versetzt. Dort bestellt ihn *Gruppenkommandeur Tamai Asaichi* am 19. Oktober zum Rapport. Als *Seki* sich meldet, sieht er, dass auch *Kapitän Inoguchi Rikihei*, *Admiral Onishis* oberster Stabsoffizier, anwesend ist. Man eröffnet ihm, dass *Admiral Onishi* einen Selbstmordangriff auf einen amerikanischen Flottenverband plane und in Erwägung ziehe, *Leutnant Seki* mit dieser Aufgabe zu betrauen. Als *Seki* von *Tamai* gefragt wird, ob er damit einverstanden sei, ist ihm sofort klar, dass dies keine Frage, sondern ein Befehl ist. Sein Ehrenkodex als japanischer Offizier lässt ihm keine Wahl. Nach kurzem Schweigen antwortet er: „Bitte setzen Sie mich für diese Aufgabe ein." Und obwohl *Seki* erst kürzlich geheiratet hat und damit den Auswahlkriterien zur Annahme von Freiwilligen für Kamikaze-Einsätze nicht entspricht, ist er für die anwesenden Offiziere aufgrund seiner erfolgreichen Laufbahn in der Marine und als Marineflieger der ideale Vorzeigekandidat für diese Mission.

Am Morgen des 20. Oktober nimmt *Admiral Onishi Takijiro* die Verabschiedung des kleinen Kampfgeschwaders unter dem Befehl von *Leutnant Seki Yukio* persönlich vor. Zeugen berichten später, dass *Admiral Onishi* Tränen in den Augen hatte, als er den Piloten ein letztes Mal die Hand schüttelte. Nach einer letzten Besprechung mit *Gruppenkommandeur Tamai* und *Kapitän Inoguchi* zieht sich *Seki* in sein Quartier zurück, um seiner Frau Mariko und seinen Eltern zu schreiben. Für die Flugschüler, die unter seinem Kommando stehen, verfasst er in der Tradition der Samurai zum Abschied ein Gedicht.[150]

„Fallt, meine Schüler,
meine Kirschblütenblätter,
wie ich fallen werde
im Dienst an unserem Land."

Angesichts seines unabwendbaren Schicksals offenbart das Gedicht die Identifikation des jungen Staffelführers mit dem Selbstverständnis der Samurai. Denn so, wie die Kirschblüten in ihrer schönsten Blüte vom Baum fallen, galt es den Samurai als erstrebenswert, in der Blüte ihres Lebens gemäß den Prinzipien von Ehre und Loyalität im Kampfe zu sterben.[151] Das japanische Sprichwort *„Die schönste unter allen Blüten ist die Kirsche. Der edelste unter den Menschen ist der Samurai."* lässt erahnen, welche Emotionen und unverbrüchliche Loyalität sein Gedicht in den jungen Piloten, die mit ihm flogen, geweckt haben muss, kam es doch einem Ritterschlag gleich.

---

[150] Emiko Ohnuki-Tierney, Kamikaze, Cherry Blossoms and Nationalisms, 2002
[151] http://www.bushido.de/philsophie.htm

In dem Brief an seine Frau Mariko entschuldigt er sich dafür, dass es ihm bestimmt ist, auf seiner Mission zu fallen und dass er nicht mehr für sie tun konnte. Aber er wisse, dass sie als Ehefrau eines Soldaten auf einen solchen Augenblick vorbereitet sei. Der Brief schließt mit den Worten: „Pass bitte gut auf Deine Eltern auf. Jetzt, wo ich Abschied nehme, werden unzählige gemeinsame Erinnerungen in mir wach. Alles Gute für die kleine Emi (*Marikos jüngere Schwester*). Yukio"[152]

Auch aus dem Brief an seine Eltern geht mit keinem Wort hervor, dass er zu dem Einsatz gleichsam abkommandiert wurde und wie er wirklich darüber denkt. Er beschränkt sich lediglich auf die Andeutung, dass er Japan am Rande einer Niederlage sieht und erklärt, dass jeder, der eine militärische Karriere eingeschlagen hat, in einer solchen Situation keine andere Wahl habe und seine Schuld gegenüber dem Kaiser begleichen müsse. Der Brief endet mit den Worten: „Ich ergebe mich in mein Schicksal. Ich grüße Euch alle und sehe dem Ende gefasst entgegen. Yukio"[153]

Vor seinem letzten Flug offenbart Leutnant Seki allerdings gegenüber einem Reporter seine persönliche innere Überzeugung zu dem Selbstmordeinsatz: „Japan ist am Ende, wenn es dazu gezwungen ist, einen seiner besten Piloten zu töten. Ich gehe nicht für den Kaiser oder für das japanische Kaiserreich auf diese Mission. Ich gehe, weil es mir befohlen wurde!"[154] Tatsächlich war Leutnant Seki davon überzeugt, dass er seinem Land als talentierter und erfahrener Flieger auf vielen Feind-

[152] Emiko Ohnuki-Tierney, Kamikaze, Cherry Blossoms and Nationalisms, 2002
[153] Emiko Ohnuki-Tierney, Kamikaze, Cherry Blossoms and Nationalisms, 2002
[154] http://en.wikipedia.org/wiki/Yukio_Seki

flügen weit besser hätte dienen können als nur mit diesem einen Einsatz.[155]

Am 25. Oktober 1944 hebt das aus fünf *Mitsubishi A6M2 Zero* Sturzkampfbombern bestehende *"Shikishima-Geschwader"* unter dem Befehl von Leutnant Seki Yukio in Begleitung von vier Jägern von der *Mabalacat Air Base* (*Manila, Philippinen*) zu seiner letzten Mission ab. Um 10:47 Uhr sichtet das Geschwader im Seegebiet des *Golfs von Leyte* seine Ziele. Während die Begleitjäger in heftige Luftkämpfe mit amerikanischen Kampfflugzeugen verwickelt sind, führt Seki mit seinen Männern den ersten erfolgreichen Kamikaze-Angriff in der Geschichte des Zweiten Weltkriegs aus. Im Schulterschluss mit ihrem Geschwader-Führer steuern die jungen Flieger ihre Maschinen im Sturzflug kaltblütig auf ihre Ziele. Obwohl die Piloten, die mit Leutnant Seki fliegen, relativ unerfahren sind, treffen vier der fünf *Zeros*, die alle mit 250-Kilo-Bomben bestückt sind, ihre Ziele. Während des Angriffs werden mit Ausnahme der *Fanshaw Bay* alle Begleitträger beschädigt.

Um 10:51 Uhr erfüllt sich Sekis Schicksal, als seine *Zero* auf dem Flugdeck der „*USS St. Lo*" zerschellt. Beobachter schildern später, dass sich eine *Zero* aus dem Verband löste und in einer Höhe von etwa 100 Fuß zum Sturzflug auf den Träger ansetzte. Trotz des massiven Sperrfeuers gelingt es dem Piloten, den tödlichen Vorhang aus detonierenden Flakgranaten zu durchbrechen. Es wird weiter berichtet, dass der Pilot völlig ruhig und besonnen wirkte, als er seine Maschine auf ihrem tödlichen Kurs hielt. Zielsicher löst der Pilot seine Bombe aus, die das Flugdeck mittig trifft. Sekunden später schlägt auch die Maschine auf. Die 250-Kilo-Bombe hat das Flugdeck durchschlagen und explodiert auf dem Hangar-Deck, wo man gerade dabei ist, Flugzeuge aufzutanken und mit Munition zu bestücken. Schlagartig gerät das Kerosin in Brand und löst zahlrei-

---

[155] https://ww2db.com/person_bio.php?person_id=297

che Explosionen aus, unter anderem im Torpedo- und Bomben-Magazin. Eingehüllt in ein gewaltiges Flammenmeer sinkt die „*USS St. Lo*" innerhalb von 30 Minuten.

Seki Yukio 1939 als Absolvent der Marineakademie.

Eine einzige *Zero* hat den Untergang eines Flugzeugträgers herbeigeführt. Oder, wie es ein Beobachter später ausdrückte: „Ein Pilot, eine Zero, eine Bombe, ein Flugzeugträger." Die Kaltblütigkeit und das Können, das der Pilot bei der Ausführung seines tödlichen Auftrags an den Tag legte, ließen nur einen Schluss zu: Der Pilot war kein anderer als Leutnant Seki Yukio selbst. Es war der erste erfolgreiche Kamikaze-Angriff des zweiten Weltkriegs, bei dem gleich ein Flugzeugträger versenkt wurde. Von den 889 Männern an Bord wurden 113 getötet oder als vermisst gemeldet, 30 weitere erlagen später ihren Verletzungen. Auch für Leutnant Seki Yukio und seine Kameraden war dieser Angriff ein Flug in den sicheren Tod.

Der letzte Kamikaze-Einsatz des zweiten Weltkriegs wird von *Admiral Ugaki Matome* befohlen, wobei er selbst mitfliegt. 1890 in *Okayama, Präfektur Okayama*, geboren, tritt *Ugaki* mit 16 Jahren in die Marine ein. Nach seiner Grundausbildung und dem Dienst auf verschiedenen Schiffen absolviert er erfolgreich die Marineakademie, später die Marinestabshochschule. Aufgrund seiner Beliebtheit bei Vorgesetzten und Mannschaften macht *Ugaki* eine steile Karriere. Von 1928 bis 1930 vertritt er Japan als Marine-Attaché in Deutschland. 1935 wird *Ugaki* für ein Jahr als Stabsoffizier der Japanischen Kombinierten Flotte unterstellt, bevor er das Kommando auf einem Kreuzer und danach auf einem Schlachtschiff übernimmt. 1938 erfolgt seine Beförderung zum Konteradmiral. Während des Zweiten Weltkriegs dient *Ugaki* als Befehlshaber der Schlachtflotte der Kaiserlich Japanischen Marine und befehligt die 1. Schlachtschiff-Division mit den beiden Superschlachtschiffen „*Yamato*" und „*Musashi*".[156]

---

[156] http://de.wikipedia.org/wiki/Ugaki_Matome

Admiral Ugaki Matome mit seinem Samuraischwert in Kai-Gunto-Montierung. Gut zu erkennen das bei Marineoffizieren aller Dienstgrade einheitlich einfarbige (braune) Portepee.

Der versammelte Flottenstab der 1. Schlachtschiffdivision auf der „Yamato". Admiral Ugaki Matome, vordere Reihe, Fünfter von Links. Daneben, Sechster von Links, Yamamoto Isoroku, Stabschef und Oberbefehlshaber der Vereinten Japanischen Flotte. Das „Superschlachtschiff" Yamato war im Zweiten Weltkrieg das erste Schiff der Yamato-Klasse. Die schwere Artillerie hatte mit 46 Zentimetern das größte bisher auf Schlachtschiffen verwendete Kaliber. Das Schiff wurde von 1937 bis 1941 auf der Marinewerft in Kure, Japan, gebaut und war zusammen mit dem Schwesterschiff „Musashi" während des Pazifikkriegs im Einsatz. Die Yamato wurde am 7. April 1945 rund 300 Kilometer südlich der japanischen Insel Kyushu von US-amerikanischen Trägerflugzeugen versenkt.[157]

Im Februar 1945 wird *Ugaki* zum Kommandeur der 5. Luftflotte der Marineluftwaffe in *Kyushu* ernannt. In dieser Funktion entwickelt *Ugaki* die Ideen *Onishi Takijiros* weiter und plant großangelegte Kamikaze-Einsätze. Aufgrund der mittlerweile deutlichen Überlegenheit der Amerikanischen Pazifikstreitkräf-

---

[157] https://de.wikipedia.org/wiki/Yamato_(Schiff,_1941)

te sieht er darin das letzte Mittel, um eine mögliche Invasion und militärische Niederlage von Japan abzuwenden. Als Sturzkampfbomber setzt *Ugaki* dabei auch veraltete *Mitsubishi A6M3 Rei-sen/Zero-sen* ein, die als Jagdflugzeuge nicht mehr geeignet, aber noch zahlreich vorhanden sind. In dem festen Glauben, so das Kriegsglück noch einmal wenden zu können, befiehlt er bei der Schlacht um Okinawa (1. April bis 30. Juni 1945) gegen die US-Flotte den Kamikaze-Einsatz von mehreren Hundert Maschinen.

Am 15. August 1945 kündigt der *Tenno* im Rundfunk mit dem „Kaiserlichen Erlass über das Kriegsende" die Kapitulation Japans an und fordert zugleich die Streitkräfte auf, ihre Waffen niederzulegen. Als *Ugaki* die Ansprache hört, schreibt er in sein Tagebuch, dass er keinen „offiziellen" Befehl erhalten habe, den Kampf einzustellen. Aufgrund der späteren Berichte seiner Offiziere und Soldaten gilt es als sicher, dass *Admiral Ugaki* beabsichtigte, im Falle einer Niederlage Japans ehrenhaft zu sterben, um so „den wahren Geist eines japanischen Kriegers an den Tag zu legen".[158]

Unmittelbar nach der Proklamation *Kaiser Hirohitos* gibt *Ugaki* bekannt, dass er Freiwillige sucht, die bereit sind, mit ihm einen letzten Kamikaze-Angriff gegen die US-Flotte zu fliegen. Daraufhin melden sich die Besatzungen von elf Sturzkampfbombern der 701. Gruppe. Eigentlich wollte *Ugaki* nur mit fünf Maschinen fliegen, aber die gesamte Einheit entscheidet sich, ihren Kommandeur zu begleiten. Bevor er an Bord eines der Flugzeuge geht, lässt er die Rangabzeichen von seiner dunkelgrünen Marine-Uniform entfernen. Dann lässt er sich vor einer der Maschinen fotografieren. Da er selbst kein Flieger ist, steigt er mit dem zweiten Besatzungsmitglied in den hinteren Teil einer *Yokosuka D4Y3*, die er schon mehrfach für Verbindungsflüge genutzt hatte. Auf seinen Flug in den Tod nimmt

---

[158] http://de.wikipedia.org/wiki/Ugaki_Matome

Ugaki das *Wakizashi* mit, das ihm *Admiral Yamamoto Isoroku* einst als persönliches Geschenk überreicht hatte.[159]

Der Angriffsverband hebt bei Sonnenuntergang ab und erreicht die Insel *Iheyajima* nahe *Okinawa* um 19:40 Uhr Ortszeit. Es ist nicht sicher überliefert, wie viele von den elf Flugzeugen ein Schiff trafen oder beschädigten. Von den gestarteten elf Maschinen kehrten aber drei wieder zur Basis zurück, wobei die Besatzungen ihre Rückkehr übereinstimmend mit Motorproblemen erklärten. Tatsächlich kann jedoch davon ausgegangen werden, dass diese drei Maschinen auf Befehl *Ugakis* zurückkehrten, um über den Einsatz Zeugnis abzulegen.

Am nächsten Morgen finden die Amerikaner die rauchenden Trümmer einer japanischen *D4Y3* sowie die Reste der Pilotenkanzel mit drei Toten. Alle anderen Maschinen hatten, wie bei diesem Flugzeugtyp üblich, nur zwei Besatzungsmitglieder an Bord. Einer der drei Toten trägt eine dunkelgrüne Marine-Uniform. Neben der Leiche finden die Amerikaner das Samuraischwert, das *Admiral Ugaki* auf den letzten Kamikaze-Einsatz des Zweiten Weltkriegs mitgenommen hatte. Das Schwert wurde an *General Douglas McArthur* übergeben. Dieser schenkte es später der *U.S. Merchant Marine Cadet Corps Academy* in Kings Point im Bundesstaat New York, wo es bis heute aufbewahrt wird.

Admiral Ugaki Matome ging als „*Der letzte Kamikaze*" in die Geschichte dieses fragwürdigen Kapitels der japanischen Kriegsführung ein. Sein Einsatz am letzten Kriegstag wurde selbst innerhalb der Japanischen Marine als sinnlos kritisiert, zumal er dabei noch weitere Männer mit in den Tod nahm. Andererseits erkannte man an, dass er als Organisator von großangelegten Kamikaze-Einsätzen, bei denen viele Heeres- und noch mehr Marineflieger den Tod gefunden hatten, diesen

---

[159] http://de.wikipedia.org/wiki/Ugaki_Matome

Männern in der Tradition der Samurai konsequent und ehrenhaft in den Tod gefolgt war. Sein Tagebuch fiel als bedeutendes Zeitdokument des Pazifikkrieges entgegen seinem ausdrücklichen Willen in die Hände der Amerikaner und blieb der Nachwelt erhalten. Es wurde ins Englische übersetzt und ist als Buch erschienen.[160]

„Der letzte Kamikaze": Letzter Kriegstag, 15. August 1945. Admiral Ugaki Matome lässt sich kurz vor dem Start zum letzten Kamikaze-Einsatz des zweiten Weltkriegs vor der Yokosuka D4Y3 fotografieren, die er kurz darauf besteigen wird. Die Rangabzeichen auf seiner Uniform sind bereits entfernt. In die Kanzel nimmt Ugaki ein Wakizashi mit, das ihm einst Admiral Yamamoto Isoroku als persönliches Geschenk überreicht hatte.

---

[160] Fading Victory: The Diary of Admiral Matome Ugaki, 1941-1945, University of Pittsburgh Press, 1991

Die entscheidende Wende konnten die Piloten der *Shimpu Tokkotai* durch ihren Opfertod nicht herbeiführen. Dennoch fügten sie mit ihren todesverachtenden Angriffen den Alliierten empfindliche Verluste zu. Genaue Zahlen gibt es nicht, aber es wird geschätzt, dass vom Torpedoboot bis zum Flugzeugträger wenigstens 47 alliierte Schiffe durch Kamikaze-Angriffe versenkt wurden. Weitere 300 Schiffe wurden zum Teil schwer beschädigt. Abgesehen von der tatsächlichen Zahl an Beschädigungen oder Versenkungen darf eine weitere Folge der Kamikaze-Einsätze nicht außer Acht gelassen werden: Es war die nervliche Belastung der Schiffsbesatzungen, durch die die Zahl der Kriegsneurosen auf amerikanischer Seite schließlich ein Maß erreichte, das der Marineleitung Anlass zu ernster Besorgnis gab.[161]

Bis zum Kriegsende verloren über 4.000 japanische Piloten bei Kamikaze-Einsätzen ihr Leben. Die meisten von ihnen wurden durch feindliche Jäger abgeschossen oder scheiterten im massiven Abwehrfeuer der Schiffsflak, bevor sie ihren Auftrag erfüllen konnten. Nur etwa 14% erreichten ihre Ziele. Diese Männer waren überwiegend Soldaten, die um die Aussichtslosigkeit ihres Auftrags wussten und sich aus tiefempfundenem Ehr- oder Pflichtgefühl zu den Einsätzen meldeten. Es gab aber auch Flieger, denen der Einsatz einfach befohlen wurde oder solche, die zwar von ihrem Auftrag nicht überzeugt waren, sich aber dem Gruppezwang fügten. Der Opfertod wurde als heldenhafte Tat proklamiert und galt als Kriegspflicht der Ausgesuchten, wenn damit der Sieg zu erringen war.

Dafür beschwor die Propaganda den Geist des Bushido. Unverbrüchliche Loyalität und die Bereitschaft, in der Blüte ihrer Jugend jederzeit ohne Zögern in treuer Pflichterfüllung in den Tod zu gehen, bestimmten das Lebensideal der Samurai. Diese Opferbereitschaft und die buddhistische Grundhaltung, dass

---

der Tod einen willkommenen Schlusspunkt des irdischen Lebens bildet, spiegeln sich auch in einem Gedicht, das *Admiral Onishi Takijiro* in der Tradition der Samurai verfasste:

„Heute in Blüte,
Morgen vom Wind verweht —
Das ist unser Blütenleben.
Wie können wir denken, dass sein Duft ewig währt? "[162]

Am 16. August 1945, nur einen Tag nach der Kapitulation Japans, beging der Gründer der *Shimpu Tokkotai, Admiral Onishi Takijiro*, Seppuku. In einem Abschiedsbrief entschuldigte er sich bei den Piloten, die er in den Tod geschickt hatte und bat die gefallenen Piloten und ihre Familien, seine Selbsttötung als persönliche Buße anzunehmen. *Kodama Yoshio*, der ihn bei seinem Sterben begleitete, berichtete später, dass *Admiral Onishi Takijiro* auf einen Sekundanten *(kaishakunin)*, der seinen Todeskampf durch Enthaupten hätte verkürzen können, verzichtete. Aufgrund der Verletzungen, die er sich zugefügt hatte, dauerte sein Todeskampf über 15 Stunden.[163]

Das Schwert, das *Admiral Onishi Takijiro* beim *Seppuku* benutzte, wird heute im *Yushukan-Museum* im *Yasukuni-Schrein* aufbewahrt. Seine Asche wurde unter zwei Ruhestätten aufgeteilt. Die eine Hälfte ruht im *Soji-ji (Hauptschrein)* in *Tsurumi, Yokohama, Präfektur Kanagawa*, die andere Hälfte auf dem Gemeindefriedhof im früheren *Ashida* in der *Präfektur Hyogo*.[164]

Mit dem Ausgang dieses Kapitels japanischer Kriegsgeschichte und der Opferhaltung japanischer Soldaten während des Zweiten Weltkriegs schließt sich der Kreis um die Bedeutung der Samuraischwerter in der Materialschlacht. Wenn sie auch auf

---

[162] https://www.poetryfoundation.org/poets/takijiro-onishi
[163] https://de.wikipedia.org/wiki/ Ōnishi_Takijirō
[164] https://en.wikipedia.org/wiki/Takijirō_Ōnishi

dem Boden, erst recht in den Kanzeln der Piloten oder an Bord der Schiffe, ihre praktische Bedeutung als Waffen eingebüßt hatten, waren sie zu einem wichtigen Bindeglied zwischen den Samurai und Japans Kriegern des Zwanzigsten Jahrhunderts geworden. Mori Masahiro hat die Antwort in seinem eingangs zitierten Artikel „SOLDIERS AND GUNTO" bereits vorweggenommen, indem er festhält, dass das Japanische Schwert den Geist des Bushido und die kaiserlichen Soldaten mental zusammenführte. Geschmiedet im Geist des Bushido, durchdrungen von spiritueller Kraft, jahrhundertelang als die Seele der Samurai und als Statussymbol einer Kriegerelite verehrt, gemahnten die Samuraischwerter ihre Träger im Inferno der Materialschlachten an die Tugenden der Samurai und ließen die Soldaten des Kaisers im Angesicht des Todes über sich hinauswachsen.

„Der Weg des Kriegers liegt im Sterben."
Missionen der Shimpu Tokkotai

Bildteil

Stolz posieren Piloten der Shimpu Tokkotai mit ihren Samurai-schwertern vor ihrem letzten Flug. Wenn die Piloten zum Feindflug starteten, nahmen sie ihre Schwerter mit an Bord. Das Foto zeigt den ehemaligen Kamikaze-Piloten Toshio Yoshitake, im Bild rechts, mit seinen Kameraden Tetsuya Ueno, Koshiro Hayashi, Naoki Okagami und Takao Oi (von links nach rechts). Das Bild entstand am 8. November 1944 auf dem Armee-Flugplatz in Choshi, östlich von Tokyo, kurz vor dem Start. Alle Piloten, die an diesem Tag mit Toshio Yoshitake starteten, fanden den Tod. Yoshitake überlebte als einziger, weil er von einem amerikanischen Kampfflugzeug abgeschossen und nach einer Bruchlandung von japanischen Soldaten gerettet wurde.

Das Gruppenbild zeigt alle Kameraden, die am 8. November 1944 mit Toshio Yoshitake starteten. Solche Fotos entstanden weniger für das Familienalbum, sondern dienten in erster Linie Propagandazwecken. Die Unerschrockenheit und Todesverachtung, die die jungen Piloten ausstrahlten und ihr heroischer Opfertod sollten weiteren Rekruten als Ansporn dienen, den gefallenen Helden auf ihrem ruhmreichen Weg zu folgen. Das Lächeln der jungen Männer verrät nicht, wie sie wirklich über ihren Auftrag dachten.

25. Oktober 1944, Mabalacat Air Base, Manila, Philippinen: Admiral Onishi Takijiro (im Vordergrund) bei der Verabschiedung des "Shikishima-Geschwaders" unter dem Kommando von Leutnant Seki Yukio (im Hintergrund Zweiter von links, salutierend). Admiral Onishi soll Tränen in den Augen gehabt haben, als er den Piloten ein letztes Mal die Hände schüttelte. Nach dem Start sichtet das Geschwader um 10:47 Uhr im Seegebiet des Golfs von Leyte seine Ziele. Vier Minuten später, um 10:51 Uhr, erfüllt sich das Schicksal des Geschwaderführers Leutnant Seki Yukio, als seine Zero befehlsgemäß auf dem Flugdeck der „USS St. Lo" zerschellt.[165]

[165] https://de.wikipedia.org/wiki/Onishi_Takijiro

„Ein Pilot, eine Zero, eine Bombe, ein Flugzeugträger.": Am 25. Oktober 1944 versenkt Leutnant Seki Yukio durch einen Selbstmordangriff die „USS St. Lo". Trotz des massiven Sperrfeuers gelingt es Leutnant Seki Yukio, den tödlichen Vorhang aus explodierenden Flakgranaten zu durchbrechen. Dann setzt er entschlossen zum Sturzflug an. Zielsicher löst der erfahrene Stuka-Pilot seine Bombe aus, bevor er mit seiner Zero kurz darauf auf dem Flugdeck zerschellt. Die 250-Kilo-Bombe hat das Flugdeck durchschlagen und explodiert auf dem Hangar-Deck, wo gerade Flugzeuge aufgetankt werden. Schlagartig gerät das Kerosin in Brand und löst zahlreiche Explosionen aus, darunter auch im Torpedo- und Bomben-Magazin des Trägers. Eingehüllt in ein gewaltiges Flammenmeer sinkt die St. Lo innerhalb von 30 Minuten. Es war der erste erfolgreiche Angriff der Shimpu Tokkotai. Für Leutnant Seki Yukio war es ein Flug in den sicheren Tod.

30. Oktober 1944, Philippinensee: Während der Operation gegen japanische Verbände auf Luzon, Philippinen, wird der Flugzeugträger „USS Belleau Wood" bei einem Kamikaze-Angriff getroffen. Während ein Teil der Flugdeckbesatzung gegen die Flammen ankämpft, versuchen andere, unbeschädigte Torpedoflugzeuge des Typs „Grumman TBM Avenger" vor den Flammen in Sicherheit zu bringen. Im Hintergrund die brennende „USS Franklin", die bei dem Angriff zwei Kamikaze-Treffer erhielt. Nach dem Ende des Zweiten Weltkriegs wurde die „USS Belleau Wood" zunächst der US-Reserveflotte unterstellt. Später diente der Träger dann von 1953 bis 1960 als „Bois Belleau" in der Französischen Marine und nahm dabei am Indochina- und Algerienkrieg teil.[166]

---

[166] https://en.wikipedia.org/wiki/USS_Belleau_Wood_(CVL-24)

25. November 1944, 12:55 Uhr Ortszeit, Philippinensee: Auf dem Schlachtschiff *New Jersey* müssen Soldaten von ihrem Gefechtsstand aus tatenlos zusehen, wie ein Pilot der Shimpu Tokkotai seine tödliche Mission erfüllt. Das Foto zeigt die Mitsubishi A6M Zero unmittelbar vor dem Aufprall auf das Flugdeck des Flugzeugträgers „USS Intrepid".

Das Foto entstand unmittelbar nach dem Aufschlag der A6M Zero. Durch die Wucht der Explosion und auslaufendes Kerosin steht das Flugdeck der „USS Intrepid" sofort in hellen Flammen, die rasch um sich greifen.

25. November 1944, 12:52 Uhr Ortszeit, Philippinensee: Der „USS Entrepid" werden zwei anfliegende japanische *Zeros* gemeldet, die den Flugzeugträger in einer Höhe von rund 1,2 km und einer Entfernung von etwa 13 km von achtern anfliegen. „Da sich viele eigene Maschinen in der Luft befanden, mussten die Bordschützen die Flugzeuge genau beobachten, bis sie das Feuer eröffneten. Daher begann erst eine Minute später eine Batterie des Trägers auf den linken Jäger zu feuern. Er explodierte knapp oberhalb des Wassers in 1,3 km Entfernung achteraus. Da in derselben Richtung eine *Hellcat* und eine *Avenger* operierten, ordnete der Kapitän an, das Feuer einzu-

stellen. Die Steuerbordschützen feuerten dagegen weiter und konnten eine andere tieffliegende japanische Maschine abschießen. Der zweite der ursprünglich gesichteten Jäger kam im Tiefflug auf das Heck zu, wich einer *Hellcat* aus und tauchte durch den Geschosshagel der immer noch unablässig feuernden Heckbatterien weg. Dann ging die *Zero* in einem Kilometer Abstand in einen überzogenen Steigflug, der sie auf etwa 150 Meter Höhe brachte, sackte über einen Flügel ab und stürzte um 12:55 Uhr auf das Flugdeck der Intrepid. Die Bombe durchschlug das zu schwach gepanzerte Flugdeck und explodierte im Aufenthaltsraum der Piloten, der zu diesem Zeitpunkt unbesetzt war. Trotzdem kamen insgesamt 32 Männer des Flugzeugträgers auf Deck und in der näheren Umgebung des Explosionsorts der Bombe ums Leben.

…Nur drei Minuten nach dem Einschlag sichteten die Männer in den Geschützständen zwei weitere *Zeros*, die in 100 Metern Höhe über dem Wasser anflogen. Durch den genau in diese Richtung ziehenden dichten Rauch des brennenden Decks war den Schützen der Steuerbordseite weitgehend die Sicht genommen. Den Backbordschützen gelang es, die erste Maschine in 1,3 km Entfernung abzuschießen, doch die zweite tauchte mit schnellen Rechts-Linksschwenks unter den Geschossen hindurch. Der Pilot zog die Maschine dann hoch, kippte über einen Flügel ab und stürzte um 12:59 Uhr auf das Flugdeck. Seine mitgeführte Bombe explodierte im Hangardeck.“[167]

Der Bericht legt Zeugnis ab für die Kaltblütigkeit und das fliegerische Können der jungen japanischen Piloten, aber auch für die Entschlossenheit, mit der sie ihren Auftrag erfüllten, obwohl sie wussten, dass sie in den sicheren Tod flogen.

---

[167] https://de.wikipedia.org/wiki/USS_Intrepid_(CV-11)

5. Januar 1945, Golf von Lingayen: Im Rahmen der Landungsoperationen im Golf von Lingayen erhält die „USS Louisville" zwei Kamikaze-Treffer, die mittelschwere Schäden verursachen. Die Verluste betragen 32 Tote und 56 Verletzte, das Schiff selbst bleibt einsatzbereit und setzt seine Mission zunächst fort. Die „USS Louisville" war ein Schwerer Kreuzer der Northampton-Klasse. Sie wurde am 15. Januar 1931 in Dienst gestellt und überlebte den Zweiten Weltkrieg trotz zahlreicher Einsätze. Für ihren langen und erfolgreichen Einsatz im Pazifikkrieg wurde die „USS Louisville" mit insgesamt 13 „Battle Stars" ausgezeichnet.[168]

---

[168] https://de.wikipedia.org/wiki/USS_Louisville_(CA-28)

11. April 1945, Schlacht um Okinawa (1. April bis 30. Juni 1945): „Der Weg des Samurai ist der Tod." In halsbrecherischem Anflug unterfliegt ein japanischer Kamikaze-Pilot dicht über den Wellen das rasende Feuer der Schiffsflak und hält mit seiner Mitsubishi A6M Zero direkt auf die „USS Missouri" zu. Die Zero prallte unterhalb des Hauptdecks auf die Panzerung der USS Missouri und verursachte dort nur geringen Schaden und keine Verluste. Die „USS Missouri" wurde am 11. Juni 1944 in Dienst gestellt und nahm während des Pazifikkriegs auch an der Schlacht um Iwo Jima teil. Am 2. September 1945 wurde an Bord der USS Missouri die japanische Kapitulation unterzeichnet.[169]

---

[169] https://de.wikipedia.org/wiki/USS_Missouri_(BB-63)

11. Mai 1945, Schlacht um Okinawa: Die „USS Bunker Hill" wird innerhalb von 30 Sekunden von zwei Kamikaze-Fliegern getroffen. 372 Soldaten sterben, 264 werden verwundet. Der Flugzeugträger war so schwer beschädigt, dass er umgehend in die Marinewerft nach Bremerton, US-Bundesstaat Washington, zurückkehren musste. Die „USS Bunker Hill" war ein Flugzeugträger der Essex-Klasse und wurde am 24. Mai 1943 in Dienst gestellt. Während des Pazifikkriegs nahm der Träger an zahlreichen Gefechten, unter anderem auch an der Schlacht in der Philippinensee, der Schlacht um Iwo Jima und an dem Angriff auf die japanische Flotte im Ostchinesischen Meer teil. Dabei wurden vier japanische Zerstörer, ein Kreuzer und das Superschlachtschiff „Yamato" versenkt.[170]

---

[170] https://de.wikipedia.org/wiki/USS_Bunker_Hill_(CV-17)

„*Heute in Blüte, morgen vom Wind verweht — das ist unser Blütenleben. Wie können wir denken, dass sein Duft ewig währt?*“: *In Erwartung ihres unausweichlichen Schicksals scheinen die jungen Piloten mental mit ihren Schwertern zu verschmelzen. Durchdrungen von spiritueller Kraft, jahrhundertelang als die Seele der Samurai und als Statussymbol einer Kriegerelite verehrt, gemahnten die Schwerter ihre Träger an die Tugenden der Samurai und ließen sie in der Stunde ihres Todes über sich hinauswachsen.*

Besitz stirbt,
Sippen sterben,
Du selbst stirbst wie sie;
Eins weiß ich,
Das ewig lebt:
Der Toten Tatenruhm.[171]

---

[171] Lieder-Edda, Havamal, „Die Sprüche des Hohen", 76. Strophe,
Island, 13. Jahrhundert , https://de.wikipedia.org/wiki/Hávamál

Glossar

Dieses Glossar stellt kein vollständiges Verzeichnis der japanischen Schwertterminologie dar. Es soll dem interessierten Leser lediglich zum besseren Verständnis dienen, soweit die Beschreibung der Schwerter oder die Übersetzungstreue die Verwendung der japanischen Begriffe sinnvoll erscheinen ließen. Weitere Begriffserklärungen wurden aufgenommen, soweit die Thematik dies sinnvoll erscheinen ließ.

Amaterasu-o-mi-kami	Wichtigste Shinto-Gottheit; Personifizierung der Sonne und des Lichts, Begründerin des japanischen Kaiserhauses.
ashi	Wörtlich „Fuß"; schmale Streifen aus *nie* oder *nioi*, von der Härtelinie vertikal zur Schneide verlaufend.
Avenger	Die Grumman TBF Avenger war der Standard-Torpedobomber der US-amerikanischen Marine gegen Ende des Zweiten Weltkriegs.
bakufu	Militärregierung des Kriegeradels unter der Führung eines *Shogun*.
bizen-den	Bizen-Schule
bizen-zori	Schwertklinge mit der Krümmung im angelnahen Bereich, auch als *koshi-zori* bekannt.
bo-hi	breite Hohlkehle

bo-hi – hisaki-agari	*bo-hi* über die *yokote* hinauslaufend
bo-hi – kaki-nagashi	*bo-hi* in die Angel hineinlaufend
bo-hi – kaku-dome	*bo-hi* mit eckigem Abschluss
bo-hi – maru-dome	*bo-hi* mit rundem Abschluss
boshi	Härtelinie in der Schwertspitze
boshi – kaeri	*boshi* flammenartig
boshi – ko-maru	*boshi* als kleiner Bogen ausgeführt
boshi – o-maru	*boshi* als großer Bogen ausgeführt
Boshin-Krieg	Krieg (1868–1869) zwischen dem Tokugawa-Bakufu und den kaiserlichen Truppen. Er endete mit der Niederlage des *Bakufu* und besiegelte das Schicksal der Samurai.
bu	Japanische Maßeinheit; 1 *bu* = 0,303 cm.
buke	Kriegeradel, Samurai
bushido	Wörtlich „Weg (do) des Kriegers (bushi)". Verhaltens- und Ehrenkodex der Samurai im späten japanischen Mittelalter.
ckikei	dunklere Linien (Falten) im *ji*
choji-hamon	gewürznelkenförmige Härtelinie

Corsair	Die Vought F4U Corsair war ein US-amerikanischer Träger-operierender Jagdbomber während des Zweiten Weltkriegs. Auffällig waren die charakteristisch geknickten Tragflächen.
efu (no) tachi	efu tachi, auch als *hoso tachi* bezeichnet, wurden ausschließlich von hochrangigen Fürsten (*daimyo*) und höchsten Würdenträgern bei Hofe getragen. Charakteristische Merkmale der Montierung (*koshirae*) sind die *Shitogi-Tsuba* und der *Same*-Griff ohne Griffwickelung. Diese Montierung dient in erster Linie zeremoniellen Zwecken und weniger dem Kampf. *Efu tachi* wurden von der *Koto*- bis in die *Showa-Zeit* hergestellt.
fuchi	Griffzwinge, vorderes Beschlagteil des Schwertgriffs.
fukura	Schneide an der Schwertspitze
gendaito	Wörtlich „Modernes Schwert"; Bezeichnung für ein traditionell geschmiedetes japanisches Schwert aus der Zeit nach 1876 bis heute.
gimei	falsche Signatur, falsch signiert
gunome-hamon	Härtelinie aus einer Abfolge gleichmäßiger kurzer Wellen

gunome shoji	Härtelinie aus einer Abfolge kleeblattförmiger Figuren
gunto	Wörtlich „Armee- oder Militärschwert". Die Klinge konnte maschinell gefertigt, aber auch traditionell handgeschmiedet sein.
ha	Schwertschneide
ha-machi	Stufe von der Schneide zur Angel
habaki	Klingenzwinge
hada	„Haut", Damaststruktur der Klingenoberfläche; sichtbares Muster der Faltungen.
hada – ayasugi hada	Damaststruktur wellenförmig parallel horizontal verlaufend
hada – itame hada	Damaststruktur wie Holzmaserung
hada – ko-itame hada	Damaststruktur ähnlich *itame*, aber kleiner/dichter gemasert.
hada – konuka hada	Extrem dichtes *ko-mokume hada* mit feiner, homogener Oberflächenstruktur; charakteristisch für Schwerter, die von den Schmieden der Tadayoshi-Schule in der Provinz Hizen geschmiedet worden sind.
hada – masame hada	Damaststruktur gerade parallel horizontal verlaufend

hada – mokume hada   Damaststruktur wie Wurzelholz

hada – muji hada   Damaststruktur (mit bloßem Auge) praktisch nicht mehr erkennbar.

hamon   Härtemuster entlang der Schneide

Heian-Periode   794 – 1184

Hellcat   Die Grumman F6F Hellcat war ein US-amerikanisches Träger-gestütztes Jagdflugzeug während des Zweiten Weltkriegs.

hiramaki   Typische Griffwicklung an *Kai-Gunto*

Hizen-to   Schwert(er) aus der Provinz Hizen

horimono   Gravur auf der Schwertklinge

iaido   „Weg des Schwertziehens", eine der Budo-Disziplinen. Ziel ist es, das Schwert schon beim Ziehen waffenwirksam einzusetzen.

ji   Klingenoberfläche zwischen *hamon* und *shinogi*

ji-tetsu   Erscheinungsbild/Färbung/Textur der Klingenoberfläche, hervorgerufen durch das bei der Schwertherstellung verwendete Eisen (*tetsu*).

kabuto-gane   Schwertknauf beim *tachi*

kaishakunin	Ausgewählter Sekundant, dessen Pflicht es beim *Seppuku* ist, denjenigen, der *Seppuku* an sich vollzieht, zu enthaupten, bevor der Todeskampf einsetzt.
Kamakura-Periode	1185 – 1333
kashira	Knauf, hinterer Beschlagteil des Schwertgriffs
katana	Schwertklinge mit einem Angelloch *länger als zwei shaku*. Das *katana* wird im Gürtel mit der Schneide nach oben getragen. Die Signatur (*mei*) befindet sich dabei auf der dem Träger zugewandten Seite (*ura*) der Angel (*nakago*) und wird *katana-mei* genannt.
katana-kaji	Schwertschmied
katana-mei	Als *katana* signiert. Die Signatur (*mei*) befindet sich beim Tragen auf der dem Träger zugewandten Seite (*ura*) der Angel (*nakago*).
Kawasaki Ki-45	Die Kawasaki Ki-45 „Toryu" („Drachentöter") war ein japanisches zweimotoriges, zweisitziges Jagdflugzeug im Zweiten Weltkrieg.
kawasatetsu	Aus Flüssen gewonnener Eisensand zur Schwertherstellung.

kiku	Chrysantheme
kiku-mon	Kaiserliches Chrysanthemen-Wappen
kiku-sui mon	Wappen (*mon*) des Minatogawa-Schreins. Es stellt in stilisierter Form eine Chrysanthemenblüte auf den Wellen des Flusses Minatogawa dar.
kiri-komi	Schlachtnarben
kissaki	Klingenspitze
kissaki – chu-kissaki	mittellange Schwertspitze
kissaki – ko-kissaki	kurze Schwertspitze
kissaki – o-kissaki	lange Schwertspitze
koshirae	Schwertmontierung
koshirae – Gunto ~	Heeresmontierung
koshirae – Kai-Gunto ~	Kriegsmarinemontierung
koshi-zori	Schwertklinge mit der Krümmung im angelnahen Bereich, auch als *bizen-zori* bekannt.
koto	„Altes Schwert", Fertigungszeit 782 bis 1596.
kuge	Hofadel
kuri-jiri	Angelende gerundet

mantetsu	Mandschurischer Stahl; wörtlich „Eisen (*tetsu*) aus der Mandschurei".
mantetsu-to	Schwert aus mandschurischem Stahl
mei	Signatur des Schwertschmieds
mei – gimei	falsche Signatur
mei – tachi-mei	Als *tachi* signiertes Schwert. Die Signatur (*mei*) befindet sich beim Tragen auf der vom Träger abgewandten Seite.
mei – mumei	ohne Signatur
Meiji-Periode	Regierungszeit Kaiser Mutsuhitos (Meiji-Tenno) vom 25. Januar 1868 bis zum 30. Juli 1912.
Meiji-Restauration	Entmachtung der Militärregierung (*Bakufu*) durch Kaiser Mutsuhito und Erneuerung der kaiserlichen Macht, Errichtung eines neuen politischen Systems nach westlicher Orientierung, Abschaffung der Ständegesellschaft, Verbot des Schwertertragens für Samurai.
mekugi	Bambuspflock zur Befestigung der Angel (*nakago*) im Griff (*tsuka*).
mekugi-ana	Angelloch zur Aufnahme des *mekugi*.

menuki	Zierstück auf dem Schwertgriff, gewöhnlich unter der Griffwicklung liegend; bei Hof-Montierungen oberflächlich auf der *same* aufliegend.
midareba	unregelmäßige Härtelinie
midare komi	Die unregelmäßige Härtelinie setzt sich im *boshi* fort.
Minatogawa-Mon	Wappen (*mon*) des Minatogawa-Schreins. Es stellt in stilisierter Form eine Chrysanthemenblüte auf den Wellen des Flusses Minatogawa dar.
Minatogawa-Schrein	Shinto-Schrein in Kobe, Japan. Er wurde zur Verehrung von Kusunoki Masashige errichtet, der 1336 nach verlorener Schlacht am Fluss Minatogawa Sepukku beging. Seine Gemahlin ist in einem Nebenschrein eingeschreint. Am Minatogawa-Schrein wurden während des Zweiten Weltkriegs für japanische Marineoffiziere von namhaften Schmieden Schwerter traditionell geschmiedet.
mon	Wappen
morohineri-maki	typische Griffwicklung an Gunto
moto-haba	Breite der Klinge zwischen *mune-machi* und *ha-machi*

moto-kasane	Stärke der Klinge am *mune-machi*
mumei	ohne Signatur, unsigniert
mune	Klingenrücken
mune – hira oder kaku ~	Klingenrücken flach
mune – ihori oder iori ~	Klingenrücken dachförmig
mune – maru oder sono ~	Klingenrücken rund
mune-machi	Stufe vom Klingenrücken zur Angel
Muromachi-jidai	Muromachi-Periode, 1393 – 1567
nagasa	Länge der Klinge von der Schwertspitze bis zum *mune-machi*
nakago	Schwertangel
nakago-jiri	Angelende
nakago – ha-agari kuri ~	Angelende U-förmig asymmetrisch
nakago – kata-yamagata ~	Angelende V-förmig asymmetrisch
nakago – kengyo ~	Angelende V-förmig

nakago – kiji-momo ~	Angel trapezförmig, „wie ein Kimonoärmel"
nakago – kiri oder kaku-ichi-monji ~	Angelende rechteckig
nakago – kuri-jiri oder hira-yamagata ~	Angelende gleichmäßig gerundet
namban-tetsu	Importierter Stahl, wörtlich „Eisen von den südlichen Barbaren".
nanako	Handwerklich fein ausgeführte Punzierung, „wie Fischrogen".
nidai	Zweite Generation
nie	Aufgrund des Härtevorgangs an der Klingenoberfläche liegende Martensit-Kristalle, die durch die Politur sichtbar werden und auf der Klingenoberfläche die Härtelinie (*hamon*) wie ein Band aus unzähligen aneinandergereihten Punkten erscheinen lassen. Man spricht von *nie*, wenn die Körnung noch mit bloßem Auge erkennbar ist.
nihonto	Japanisches Schwert
Nihon Bijutsu Token Hozon Kyokai	„Gesellschaft zur Bewahrung des Japanischen Kunstschwerts"
Nihonto Tanren Kai	Japanisches Schwertschmiedezentrum am *Yasukuni-Schrein*

Nihonto Token Hozon Kai	„Gesellschaft zur Bewahrung des Japanischen Schwerts"
nioi	Aufgrund des Härtevorgangs an der Klingenoberfläche liegende Martensit-Kristalle, die durch die Politur sichtbar werden und auf der Klingenoberfläche die Härtelinie (*hamon*) wie ein silbernes Band erscheinen lassen. Man spricht von *nioi*, wenn die einzelnen Martensit-Kristalle so fein sind und so dicht beieinanderstehen, dass die Körnung für das bloße Auge kaum noch erkennbar ist.
notare-hamon	wellenförmige Härtelinie
obi	Gürtel
omote	Die beim Tragen eines Schwerts vom Träger abgewandte Seite der Angel.
origami	Expertise, Echtheitszertifikat; umgangssprachlich auch „Papier" oder „Papiere".
oshigata	Abrieb der Schwertangel auf dünnem Papier, einer Blaupause der Schwertangel vergleichbar. Zuweilen werden auch *oshigata* der gesamten Klinge einschließlich der Angel angefertigt.
oyoroi	Große Rüstung
PFC	Private First Class (Gefreiter)

rikugun jumei tosho	Von der Kaiserlich Japanischen Armee zertifizierter und im Auftrag der Armee arbeitender Schwertschmied.
saki-haba	Höhe der Klinge an der *yokote*
saki-kasana	Stärke der Klinge an der *yokote*
same	Rochenhaut
sandai	Dritte Generation
saya	Schwertscheide
Seki	Stadt in der japanischen Präfektur Gifu
Sengoku-jidai	Sengoku-Zeit, 1477 - 1573; als Zeit der kriegführenden Lande oder Zeit der streitenden Reiche in die Geschichte Japans eingegangen.
sepukku	Ritualisierter Suizid, der in Japan von den Samurai praktiziert wurde, um nach einem Gesichtsverlust die Schande zu tilgen und die Ehre der Familie wiederherzustellen.
shaku	Japanische Maßeinheit; 1 *shaku* = 30,3 cm.
shinogi	Horizontal verlaufende Trennlinie zwischen *ji* und *shinogi-ji*.

shinogi-ji	Klingenoberfläche zwischen *shinogi* und *mune*.
shinogi-zukuri oder hon-zukuri	Gekrümmte Klinge mit horizontal verlaufender Trennlinie zwischen *ji* und *shinogi-ji* und vertikal verlaufender Trennlinie zwischen Klinge und Schwertspitze.
shinsa	Offizielle Begutachtung einer Klinge durch ein Gremium von Schwert-Sachverständigen z.B. der NBTHK oder der NTHK.
shinsaku-to	Neues geschmiedetes Schwert
shinto	„Neues Schwert", Fertigungszeit 1597 - 1780.
shin-shinto	„Neu-neues Schwert", Fertigungszeit 1781 - 1876.
shirasaya	Wörtlich „Weiße Scheide", aus Magnolienholz gefertigt. Im Gegensatz zur *koshirae*, in der die Klinge getragen wird, dient die *shirasaya* der Aufbewahrung der Klinge.
shitogi-tsuba	Kreuzweise zur Klinge ausgerichtetes Parierelement, ähnlich europäischen Parierstangen, aber breiter und prunkvoller gestaltet.
shodai	Erste Generation

shogun	Anführer des Kriegeradels
shogunat	Verwaltungsapparat des Shogun
shokonsha	Shinto-Schrein zur Verehrung von Kriegstoten.

Showa-Periode   Regierungszeit Kaiser Hirohitos (Showa-Tenno) vom 25. Dezember 1926 bis 7. Januar 1989. „Die erste Hälfte der Showa-Periode war die Hochphase des japanischen Imperialismus. Dabei gab der junge Kaiser unter dem Einfluss verschiedener Generäle der japanischen Armee die Befehle zum Angriff auf China, die Philippinen und die USA. Nach dem Abwurf der Atombomben auf Hiroshima und Nagasaki sprach Kaiser Hirohito als erster japanischer Kaiser persönlich zu seinem Volk. In einer Radiobotschaft verkündete er die Kapitulation Japans und entsagte gleichzeitig seinem Anspruch auf Göttlichkeit, um den Weg für eine neue friedliche und demokratische Gesellschaftsordnung freizumachen. Aufgrund des hohen Ansehens des Kaisers wurde die Abschaffung der Monarchie nicht erwogen; der Tenno verlor zwar in der neuen Verfassung fast alle politischen Mitspracherechte, blieb aber in seinen restlichen 44 Regierungsjahren hoch respektiert." (Quelle Wikipedia)

| sori | Tiefe der Klingenkrümmung, andere Schreibweise *zori*. |

| Stuka | Abkürzung für Sturzkampfbomber |

| sugata | Klingenform |

| sugu-ba hamon | gerade Härtelinie; auch *suguha hamon*. |

| suguha-hamon | gerade Härtelinie |

| sun | Japanische Maßeinheit; 1 *sun* = 3,03 cm. |

| suriage nakago | gekürzte Schwertangel |

| tachi | Schwertklinge mit einem Angelloch *länger als zwei shaku*. Im Gegensatz zum *katana* wird das *tachi* hängend mit der Schneide nach unten getragen. Die Signatur (*mei*) befindet sich dabei auf der vom Träger abgewandten Seite (*omote*) der Angel (*nakago*) und wird *tachi-mei* genannt. |

| tachi-mei | Als *tachi* signiertes Schwert. Die Signatur (*mei*) befindet sich beim Tragen auf der vom Träger abgewandten Seite (*omote*) der Angel (*nakago*). |

| Taisho-Periode | Regierungszeit Kaiser Yoshihitos (Taisho-Tenno) vom 30. Juli 1912 bis zum 25. Dezember 1926. |

tamahagane	Wörtlich „Juwelenstahl"; nach traditionellem japanischen Verhüttungsverfahren gewonnener Rohstahl zur Klingenherstellung.
Tanegashima-Gewehr	Als 1543 ein chinesisches Schiff am Kap Kadokura im Süden der Insel Tanegashima strandete, befanden sich auch Portugiesen an Bord, die Arkebusen mitführten. Der Daymio der Insel, Tanegashima Tokitaka, kaufte den Portugiesen ein oder zwei Gewehre für eine hohe Summe ab. Innerhalb kurzer Zeit wurden 20.000 Kopien der Waffe gefertigt, die die Kriegsführung in Japan revolutionierten.
tanto	Schwertklinge mit einem Angelloch und einer Länge *unter einem shaku*.
tatara	Traditioneller japanischer Rennofen zur Gewinnung von *Tamahagane* .
tetsu	Eisen
tosho	Portepee
tsuba	Stichblatt
tsuka	Schwertgriff
tsuka-ito	Seiden- oder Baumwollband zur Griffwicklung

ubu-ha	Fehlschärfe
uchigatana	In der Muromachi-Zeit wurde es Brauch, neben dem *tachi* ein Zweitschwert im Gürtel *(obi)* zu tragen. Das *uchigatana* („*Hiebschwert*") hatte eine ca. 60cm lange Klinge und wurde einhändig geführt. Im Gegensatz zum Tachi, das für den Kampf zu Pferd ausgelegt war, wurde das *uchigatana* im Nahkampf eingesetzt.
ubu nakago	ungekürzte Angel
ura	Die beim Tragen eines Schwerts dem Träger zugewandte Seite der Angel.
utsuri	Milchig-weiße Erscheinung im *ji*, zuweilen auch als Widerschein oder Spiegelung des *hamon* im *ji* bezeichnet.
wakizashi	Schwertklinge mit einem Angelloch und einer Länge *zwischen einem und zwei shaku*.
western steel	Allgemein für importierten Stahl aus Europa.
yamasatetsu	Im Gebirge gewonnener Eisensand
Yasukuni-Schrein	Shinto-Schrein in Tokio, Japan. Hier wird aller gefallenen Heldenseelen gedacht, die während und seit der *Meiji-Restauration* auf der Seite der

kaiserlichen Armeen ihr Leben ließen. Ursprünglich 1869 als *Tokyo Shokonsha* (Tokioter Schrein zum Herbeirufen der Geister von Kriegstoten) im Stadtbezirk Chiyoda nördlich des Kaiserpalastes gegründet, erhob ihn der Tenno 1879 zum *Bekkaku Kanpeisha* (*Reichsschrein der Sonderklasse*) und gab ihm den Namen *Yasukuni-jinja* (*Schrein des friedlichen Landes*). In der Zeit von 1933 bis 1945 wurden am Schrein insgesamt 8.100 Schwerter geschmiedet, die sämtliche Kriterien an das Japanische Schwert als Kunstwerk erfüllen und in Sammlerkreisen äußerst gesucht und begehrt sind.

Yasukuni-to	Am Yasukuni-Schrein geschmiedetes Schwert
yasurime	Feilmarken auf der Angel
yamasatetsu	Im Gebirge gewonnener Eisensand zur Schwertherstellung
yo	separate feine Partien aus *nie* oder *nioi* zwischen Härtelinie und Schneide
yokote	vertikal verlaufende Trennlinie zwischen Klinge und Schwertspitze

Zero

Die Mitsubishi A6M, auch Rei-sen oder Zero-sen, war im Zweiten Weltkrieg ein trägergestütztes japanisches Jagdflugzeug. Die Bezeichnung Zero stammt von der letzten Ziffer des Indienststellungsjahres 2600 japanischer Zeitrechnung (1940).

zori

Tiefe der Klingenkrümmung, andere Schreibweise *sori*.

Literaturverzeichnis

Alperovitz, Gar
Atomic Diplomacy: Hiroshima and Potsdam,
Vintage Books 1965

Couch, Paul and **Matsuoka, Yumiko**
"Thoughts on Nihonto – Gendaito",
ISF-AL/GA Newsletter, Mai 2002, Vol. 3, Issue 3

Dawson, Jim
"Swords of Imperial Japan, 1868 – 1945",
Stenger-Scott Publishing, 1996

Fujishiro, Yoshio und **Matsuo**
Nihon Toko Jiten Shinto-hen
Tokyo, 1971, 5. Auflage

Fuller, Richard and Gregory, Ron
Military Swords of Japan 1868 – 1945
Arms and Armour Press, London - New York - Sydney, 1986

Gewitsch, Michael
„Die sieben Tugenden der Samurai",
Ausarbeitung zum 1. DAN Jiujitsu, 2013

Goepper, Roger, Oishi Shinzaburo, Tokugawa Yoshinobu
Shogun, Kunstschätze und Lebensstil eines japanischen Fürsten der Shogun-Zeit
Katalog zur Ausstellung Haus der Kunst München,
Toppan Printing Co., Ltd., Tokyo, September 1984

Hagenbusch, Michael
Die Kunst der Samurai
Katalog zum Ersten Europäischen Symposium, herausgegeben
von Trudel Klefisch, Köln im August 1984

Han, Bing Siong
Japanese Swords in Dutch Collections
De Nederlandse Token Vereniging, 2003

Hill, P. Joshua, Professor Koshiro,Yukiko
Remembering the Atomic Bomb,
FreshWriting 15 December 1997

Icke-Schwalbe, Lydia
Das Schwert des Samurai,
Brandenburgisches Verlagshaus, 3. Auflage Berlin 1990

Kapp, Leon and Hiroko, Yoshindo Yoshihara
The Craft of the Japanese Sword
Kodansha International, Japan, 1. Auflage 1987

Kazuo Tokuno
TOKO TAIKAN
Tokyo, Kogai Shuppan, 2004

Kensho Furuya
Proper Use of Swords
Aikido Center of Los Angeles
The Aiki Dojo Newsletter, November 2020
http://www.aikidocenterla.com

Kishida, Tom
The Yasukuni Swords, Rare Weapons of Japan
1933 – 1945
Kodansha Europe Ltd., 1. Auflage 2004

Kokan Nagayama
The Connoisseurs Book of Japanese Swords
Kodansha International, Japan, 1. Auflage 1997

Kümmel, Otto
Das Kunstgewerbe in Japan
Schmidt & Co. Berlin, 3. Auflage 1922

Mauer, Kuno
Die Samurai
Econ Verlag GmbH, Düsseldorf, 1. Auflage 1981

Nickel, Helmut
"The Japanese Blade: Technology and Manufacture"
http://www.metmuseum.org/toah/hd/japb/hd_japb.htm

Obata Toshishiro
Crimson Steel: The Sword Technique of the Samurai
Dragon Books, Oktober 1987

Obata Toshishiro
"Swords and Tradition"
https://kenjutsu-ryu.livejournal.com/29096.html

Ohnuki-Tierney, Emiko
Kamikaze, Cherry Blossoms and Nationalisms
The University of Chicago Press, 12. November 2002

Sachse, Manfred
Damaszener Stahl
Verlag Stahleisen, Düsseldorf, 2. erweiterte Auflage 1993

Sato Kanzan
The Japanese Sword
Kodansha International and Shibundo, Japan, 1983

Slough, John Scott
Modern Japanese Swordsmiths 1868 – 1945
Rivanna River Company, 1. Auflage 2001

Sly, Christopher
"More Thoughts On Gendaito", Sept. 1992, updated
by Bowen, Chris and Massey, Denny, March 2015
http://www.nihontocraft.com/Gendaito.html

South Manchuria Railway Co.Ltd. Dalian Railway Factory
Sword Works
"Kōa Issin"
Published by "The South Manchuria Railway Company", July
25, 1939

Stein, Richard
Japanese Sword Guide, Minamoto Yoshichika
http://www.japaneseswordindex.com/yoshchik.htm

Tillman, Barrett
Carrier Battle in the Philippine Sea: The Marianas
Turkey Shoot
Specialty Press, 1994

Ugaki Matome
Fading Victory: The Diary of Admiral Matome Ugaki, 1941-
1945
University of Pittsburgh Press, 1991

Yamamoto Tsunetomo
Hagakure, der Weg des Samurai
Piper Verlag GmbH München, 5. Auflage 2011

Yumoto, John M.
Das Samuraischwert, Ein Handbuch
Ordonanz-Verlag Strebel GmbH, Wiesbaden, 2004

……………………………………………………..

Begleitende Literatur
Weitere in diesem Buch erwähnte Autoren

Engermann, Andreas
Einen Bessern findst du nicht
© Kindler-Verlag München,
Lizenzausgabe des Verlages Buch und Welt, Klagenfurt

Köppen, Edlef
Heeresbericht
Nikol Verlagsgesellschaft mbH & Co. KG, Hamburg, 2012

Remarque, Erich Maria
Im Westen nichts Neues
Kiepenheuer & Witsch, Köln, 3. Auflage 2011

Remarque, Erich Maria
Zeit zu leben und Zeit zu sterben
Kiepenheuer & Witsch, Köln, 1. Auflage 2018

WIKIPEDIA, Quellen in alphabetischer Reihenfolge

https://de.wikipedia.org/wiki/Atombombenabwürfe_auf_Hiros
hima_und_Nagasaki#Gegner_der_Abwürfe

https://de.wikipedia.org/wiki/Bougainville

http://de.wikipedia.org/wiki/Europäische_Expansion

http://de.wikipedia.org/wiki/Gunto

https://de.wikipedia.org/wiki/Hávamál

https://de.wikipedia.org/wiki/Kohima

http://de.wikipedia.org/wiki/Meijin

http://de.wikipedia.org/wiki/Minatogawa-Schrein

https://de.wikipedia.org/wiki/Mitsubishi_Ki-21

http://de.wikipedia.org/wiki/Nakayama_Hakudo

http://de.wikipedia.org/wiki/Ninigi

http://de.wikipedia.org/wiki/Nogi_Maresuke

http://de.wikipedia.org/wiki/Otto_Kümmel

http://de.wikipedia.org/wiki/ Ōnishi_Takijirō

http://de.wikipedia.org/wiki/Pazifikkrieg

https://de.wikipedia.org/wiki/Schlacht_am_Minatogawa

https://de.wikipedia.org/wiki/Schlacht_um_Manila_(1945)

https://de.wikipedia.org/wiki/Shimpū_Tokkōtai

http://de.wikipedia.org/wiki/Sugiyama_Hajime

http://de.wikipedia.org/wiki/Todesmarsch_von_Bataan

http://de.wikipedia.org/wiki/Ugaki_Matome

https://de.wikipedia.org/wiki/USS_Arizona_(BB-39)

http://de.wikipedia.org/wiki/Ulfberht

https://de.wikipedia.org/wiki/USS_Bunker_Hill_(CV-17)

http://de.wikipedia.org/wiki/USS_Enterprise_CV-6

http://de.wikipedia.org/wiki/USS_Hornet_(CV-8)

https://de.wikipedia.org/wiki/USS_Louisville_(CA-28)

https://de.wikipedia.org/wiki/USS_Missouri_(BB-63)

https://de.wikipedia.org/wiki/Yamashita_Tomoyuki

https://de.wikipedia.org/wiki/Yamato_(Schiff,_1941)

http://de.wikipedia.org/wiki/Zwischenfall_an_der_Marco-Polo-Brücke

https://en.wikipedia.org/wiki/28_cm_howitzer_L/10

https://en.wikipedia.org/wiki/Attack_on_Pearl_Harbor

https://en.wikipedia.org/wiki/Battle_of_Kokoda

https://en.wikipedia.org/wiki/Battle_of_Singapore

https://en.wikipedia.org/wiki/Bougainville_Campaign

http://en.wikipedia.org/wiki/Dai_Nippon_Butoku_Kai

https://en.wikipedia.org/wiki/Japanese_invasion_of_Malaya

http://en.wikipedia.org/wiki/Japanese_sword

http://en.wikipedia.org/wiki/Nakayama_Hakudo

https://en.wikipedia.org/wiki/Takijirō_Ōnishi

http://en.wikipedia.org/wiki/Privy_Council_Japan

http://en.wikipedia.org/wiki/Takeji_Nara

http://en.wikipedia.org/wiki/Tatara_(furnace)

https://en.wikipedia.org/wiki/Tomoyuki_Yamashita

https://en.wikipedia.org/wiki/USS_Belleau_Wood_(CVL-24)

https://en.wikipedia.org/wiki/USS_St._Lo

https://en.wikipedia.org/wiki/USS_St._Louis_(CL-49)

https://de.wikipedia.org/wiki/Yamato_(Schiff,_1941)

http://de.wikipedia.org/wiki/Yasukuni-Schrein

http://en.wikipedia.org/wiki/Yukio_Seki

WWW, weitere Internet-Quellen

http://home.earthlink.net/~steinrl/
Japanese Sword Guide by Richard Stein

http://www.japaneseswordindex.com/
Japanese Sword Guide by Richard Stein

https://www.britannica.com/biography/Yamashita-Tomoyuki

http://www.bushido.de/philsophie.htm

http://www.chiran-tokkou.jp/learn/pilots/FujiiHajime.html

https:// www.cicero.de/aussenpolitik/atombombe-auf-nagasaki-japan-haette-auch-ohne-bombe-kapituliert/59654
Scherer, Klaus, Interview mit Martin Sherwin, 3. August 2015

https://www.historynet.com/general-tomoyuki-yamashita.htm

http://www.kamikazeimages.net/stories/lcsl114/index.htm

http://www.metmuseum.org/toah/hd/japb/hd_japb.htm

http://www.nihonto.com.au/html/minamoto_yoshichika_tachi.html, *JSS Newsletter, auszugsweise veröffentlicht.*

https://www.nihonto.com/the-yasutsugu-school

https://www.poetryfoundation.org/poets/takijiro-onishi

http://www.samuraisam.net/tachiofyoshichika.html

https://www.spiegel.de/spiegel/print/d-13525110.html
„General Yamashita und sein verfluchtes Gold",
Der Spiegel 26/1987

https://de.statista.com/statistik/daten/studie/1086264/umfrage/geschaetzte-zivile-todesopfer-und-verletzte-in-hiroshima-und-nagasaki/

https://teachingamericanhistory.org/library/document/potsdam-declaration/

https://ww2db.com/person_bio.php?person_id=297
World War II Database, Home – People – Yukio Seki

http://www.ussarizona.org/stories/uss-arizona-survivor-stories/107-lancaster-james-daniel-usn

https://www.warhistoryonline.com/world-war-ii/the-tragic-tale-of-hajime-fujii-a-kamikaze-fighter.html

http://www.worthpoint.com/worthopedia/rare-mint-antique-japanese-samurai-katana-sword

https://www.zeit.de/online/2009/35/atombombe-hiroshima
Knauß, Ferdinand, Ein Experiment mit 70.000 Toten